깐깐한 공대 女교수,
왜 심천사혈 마니아가 되었을까?

깐깐한 공대 女교수, 왜 심천사혈 마니아가 되었을까?

발 행 | 2019년 8월 19일
저 자 | 최인선
펴낸이 | 한건희
펴낸곳 | 주식회사 부크크
출판사등록 | 2014.07.15.(제2014-16호)
주 소 | 서울특별시 금천구 가산디지털1로 119 SK트윈타워 A동 305호
전 화 | 1670-8316
이메일 | info@bookk.co.kr

ISBN | 979-11-272-8077-2

www.bookk.co.kr

곰 손인 나는 심천사혈로 가족의 목숨을 구했다!

깐깐한 공대 **女**교수, 왜 **?**

심천사혈 마니아

가 되었을까?

최인선 지음

"고혈압, 중풍, 치매
심천사혈로 해결할 수 있다고?
말이 돼?"

나는
1개월 만에
신경성위염을
해결했다!

나는
2개월 만에
요실금을
해결했다!

나는
3개월 만에
편두통을
해결했다!

나는
6개월만에
협심증을
해결했다!

BOOKK

심천사혈로 건강을
챙기는 나는 행복하다

나는 YMD(Yami medical doctor)다. '심천사혈요법' 마니아가 된 이후, 후배가 지어준 별명이다. '야메'를 국어사전에서 찾아보니 '뒷거래; 값이나 물건에 관한 적법한 법규를 어기고 은밀하게 사고팔거나 주고받음'이라고 되어있다. 나는 '뒷거래' 즉, 돈을 받고 사혈을 해주는 일은 하지 않는다. 단지 가족의 건강을 사혈로 챙길 뿐이다.

시큰둥하게 시작했던 사혈이 어느덧 20년이 다 되어간다. 사혈에 대해 불신감을 가졌던 나였다. 솔직히 공학도로서 애매한 것, 과학적으로 입증되지 않은 것은 접하고 싶지 않았다. 선입견에 사로잡혔던 것이다. 생각해 보면 살면서 선입견만큼 무서운 것이 있을까 싶다.

지금은 사혈과 나를 떼어놓고 생각할 수 없다. 어머니를 몇 차례 구했고, 가족들이 겪고 있었던 크고 작은 건강문제를 해결했기 때문이다. 병원에 갈 상황인지, 사혈로 가능한지 판단할 수 있는 것만으로도 얼마나 든든한지 모른다.

의외로 많은 사람들이 '심천사혈요법'에 대해 모르는 것 같아 평소에도 안타까운 마음이 컸다. 하지만 나는 오지랖이 넓지 않다. 어찌 보면 이기적인 사람이다. 주변에서 아무리 안타까운 소식을 접해도 사혈에 대해 말하지 않았다. 사혈을 해줄 것도 아니면서 괜히 번잡스러운 상황에 놓이기 싫었다.

반백년을 살다보니 지인들의 나쁜 소식이 흉흉하게 들려온다. 치매, 중풍, 디스크 수술 등등의 온갖 건강을 잃은 분들의 소식이 끊기질 않는다. 자궁을 들어내는 친구, 인공 관절 수술을 한 지인들이 많아지고 있다. 60대 이후에는 고지혈증, 고혈압, 당뇨에 대한 약을 복용하지 않는 사람들을 찾는 게 더 힘들어졌다.

살면서 가장 중요한 것은 무엇일까. 바로 건강이다. 돈이라고 반론을 펼 수도 있겠지만 건강만큼 중요하지는 않다. 건강의 소중함을 모르는 사람은 없다. 문제는 건강하고 싶다고 해서 누구나 건강한 것은 아니다. 대부분 건강을 원하지만 막연하게 생각한다. 건강을 잃고 나서야 간절하게 찾아 나선다.

나의 경험을 온전히 공유하고 싶어졌다. 가족이 위험에 처했을 때 손 놓고 동동대기만 하는 안타까운 일들이 적었으면 하는 바램에서다. 갑자기 혈압이 급상승했을 때, 편두통으로 머리가 깨질 듯이 아플 때,

요실금으로 오줌을 지릴 때, 의식이 가물가물할 때 등등. 위급한 상황은 수도 없이 많다. 이럴 때 자신이 뭔가를 할 수 있다는 것은 축복이다.

솔직히 나의 경험을 글로 쓰고 보니 우려되는 부분이 있다. 혹여 심천사혈을 전혀 모르는 분이 이 책만으로 사혈을 접근하는 일이 생길수도 있기 때문이다. 사혈은 안전이 최우선이다. 나는 20여년을 사혈과 함께 했다. 그리고 가족의 몸 상태를 알고 있기 때문에 사혈로 할 수 있고, 사혈로 할 수 없는 것을 판단할 수 있다. 심천사혈을 배우고 싶다면 최소한 3개월 코스인 기본과정이라도 공부해야 한다. 전국 각지에 배움원이 있기 때문에 원하기만 하면 언제든 가능하다. 심천사혈요법은 무면허 시술을 금지하고 있다. 오직 교육을 권장하고 있다.

사혈은 어혈을 제거하는 행위지만 제거한 만큼 채워줘야 하는 것은 기본 상식이다. 무조건 나쁜 피라고 해서 빼내기만 한다는 것은 상식 밖의 행동이다.

상식 밖의 행동은 위험을 초래할 수 있기 때문에 사혈할 때는 보사의 균형을 꼭 유지해야한다. 건강 앞에 결코 자만해서는 안된다. 몸의 균형을 유지하는데 최선을 다해야 한다.

나에게 주어진 소명 중 하나는 많은 분들에게 심천사혈요법을 알리는 일이라고 생각한다. 궁극적으로 내가 바라는 것은 이 책이 독자 여러분에게 건강을 챙길 수 있는 방법으로 전달되었으면 한다. 그래서 모두가 건강한 삶을 살아가기를 바란다.

2019년 8월
최인선

차 례

1장 | 의문투성이인 사혈

2장 | 사혈할 수밖에 없는 이유

차 례

3장 | 깐깐한 나는 왜 심천사혈 마니아가 되었을까?

차 례

부 록 |

SIMCHEON BLOOD CUPPING MANIA

의문투성이인 사혈

첫 사혈의 두려움
어혈이 정확히 뭐야?
내 몸에서 어혈을 뺀다고!
어혈 좀 뺀다고 건강해져?
사혈과 부항, 뭐가 달라?
사혈, 아프고 위험하지 않을까?
굳이 혈자리가 필요해?

첫 사혈의
두려움

무엇이든 처음은 두렵다. 더군다나 신뢰가 없는 상
태에서는 더욱 그러하다. 그릇된 선입견도 두려움을
증폭시킨다. 사혈이 나에게 그랬다. 색안경을 끼고
바라봤다. 그러니 온통 의심덩어리일 수밖에 없었다.
두려움과 배움은 함께 할 수 없다. 나의 섣부른 선
입견 때문에 '사혈'이라는 엄청난 보물을 놓칠 뻔했
다. 생각만 해도 아찔하다.

사혈을 하는데 특별한 비법은 없다. 물론 스킬은 있다. 주의사항도 있다.. 중요한 것은 편두통이든 고혈압이든 부항기 하나면 충분하다. 어쩌면 너무 쉬워서 신뢰감이 없을지도 모른다. 하지만 결과는 강력하다. 나의 첫 사혈의 느낌을 한 마디로 말한다면 '두려움과 호기심'이다.

내 인생에서 가장 정신없었던 대학원 시절, 지인을 통해 사혈을 알게 되었다. 나의 흑 역사를 알고 있는 분이다. 나는 고등학교를 졸업한지 9년 만에 대학에 입학했다. 집안형편 때문에 미뤘던 만학도의 길. 대학 강단에 서는 것을 목표로 앞만 보고 달렸다. 멈출 수 없었다. 한 번의 멈춤이 얼마나 긴 시간을 흘려보내야 하는지 알고 있기 때문이다.

대학원 생활은 나의 한계를 느낄 만큼 녹녹치 않았다. 마음의 여유도, 시간적인 여유도 없었다. 그러던 중에 지인으로부터 전화를 받았다. 평생교육원에서 '사혈 강좌'가 개설되었으니 꼭 와서 배우라는 거였다. 난 짜증이 났다. 지인은 내가 얼마나 힘겨운 대학원 생활을 하고 있는지 모르고 있기 때문이다. 읽어보라는 책표지도 마음에 들지 않았다. 긴 머리, 긴 수염의 도사처럼 보이는 표지의 사진. 나의 전공은 컴퓨터공학이다. 그런 나에게 '말도 안 되는 사혈이라니…' 어이가 없었다. 나는 바쁘다는 핑계로 거절하였다. 그렇게 시간은 2~3달 지났다.

그리고 또다시 전화가 왔다. 이번에는 우리 학교근처로 강의를 오신다는 거였다. 더 이상 핑계를 댈 수가 없었다. 남동생을 겨우 설득해서 교육에 함께 참석했다. 대충 몇 번 가다가 말자는 생각이었다. 수업은 이론과 실습 2시간으로 진행되었다. 처음에는 듣는 둥 마는 둥, 그 공간에서 가능한 빨리 도망치고 싶은 생각뿐이었다. 다른 사람들의 사혈하는 모습을 보고 있자니 한숨이 나왔다.

언제 그만 둘지 핑계를 찾는 사이 한 달의 시간이 흘렀다. 이 기간 동안 기본사혈자리인 위장혈과 뿌리

혈만 사혈했다. 영혼 없는 사람처럼 건성건성 수업에
임했다. 그런데 나에게 이상한 일이 생겼다. 대학원
생활을 시작하면서부터 생긴 신경성위염. 식사시간에
는 항상 젓가락으로 깨작깨작 밥알을 세듯이 밥을
먹었던 나. 이런 내가 밥이 맛있어졌다. 어찌나 맛있
던지 뚝배기에 밥을 말아 먹었다. 나는 이러한 나의
모습을 전혀 인식하지 못했다. 그러던 어느 날 실험
실 멤버들과 식사를 하는데 지도교수님께서 신기한
듯 나를 바라보셨다. 나는 그제서야 깨달았다. 내 위
장에 무슨 일이 생기고 있었다는 것을. '이게 뭐지?
겨우 4차례의 사혈을 한 것뿐인데…' 지금은 당연
한 일이 그 당시에는 도저히 이해가 되지 않았다.

한 달만 하고 그만두려고 했지만 동생을 설득해서
좀 더 배우기로 했다. 그런데 두 번째 이상한 일이
또 생겼다. 어렸을 때부터 만성 비염으로 고생했던
나는 아침에 일어나면 요란스런 재채기와 콧물로 하
루를 시작했다. 아주 잠깐 졸다가 일어나기만 해도
나타났던 재채기와 콧물이 사라진 것이다. '이건 말

도 안되는 일'이라고 생각하면서도 점점 더 사혈의 매력에 빠져들었다.

수업이 진행됨에 따라 기본 혈자리 중의 하나인 허리 뒤쪽에 위치한 '고혈압혈'도 사혈하였다. 기본 과정이 거의 끝나갈 무렵, 나는 세 번째 마술 같은 일을 경험하고 있었다. 빨간색의 편두통약. 내 평생 유일무이한 약이다. 편두통은 정말 기분 나쁘다. 약 먹을 타이밍을 놓치면 똥물까지 토해버리는 것이 내가 겪은 편두통이다. 편두통이 발생하면 아무리 급한 일이라 할지라도 집으로 가서 들어 누었다. 나의 몸 상태로는 도저히 나머지 일정을 소화해내지 못했다. 그래서 편두통약만큼은 이곳저곳에 놔둬야만했다. 조금만 신경 쓸 일이 생겨도 어김없이 찾아오는 편두통은 그렇게 내 인생에서 사라지고 있었다.

나는 몸의 변화를 느끼면서 점점 더 사혈을 신뢰하게 되었다. 때론 후배들의 시선이 느껴졌다. 내가 사이비 종교에 빠진 것처럼 보는 것 같았다. 후배들이 나를 이상하게 보는 것도 무리는 아니었다. 왜냐하면 나는 몸의 변화를 느끼면서 점점 더 사혈에 미쳐가고 있었기 때문이다. 미쳐도 제대로 미쳐가고 있었다. 이런 나에게 후배가 붙여준 별명이 있다. 그것은 바로 YMD(Yami Medical Doctor), 야매 메디컬 닥터. 싫지 않은 별명이다. 내 인생에서 심천사혈요법과의 만남은 행운이고 축복 그 자체다. 그 어떤 것과도 비교할 수 없을 만큼의 큰 선물이기 때문이다.

두려움에서 시작한 사혈은 나와 가족의 든든한 주치의가 되었다. 덕분에 우리 가족은 의료비를 절감해주는 애국자가 되었다. 식사하고, 이야기하고, 산책하는 일상의 기적을 내 손으로 만들 수 있게 되었다. 소소한 일상을 하고 있는 내 몸을 돈으로 환산하면 50억이 넘는다고 한다. 박완서 작가님의 ≪일상의 기적≫의 내용을 일부 옮겨보았다.

......

얼마 전에는 젊은 날에
윗분으로 모셨던 분의 병문안을 다녀왔다.
몇 년에 걸쳐 점점 건강이 나빠져
이제 그분이 자기 힘으로 할 수 있는 것은
눈을 깜빡이는 정도에 불과했다.
예민한 감수성과 날카로운 직관력으로
명성을 날리던 분의 그런 모습을 마주하고 있으려니,
한때의 빛나던 재능도 다 소용없구나 싶어
서글픈 마음이 들었다.

돌아오면서 지금 저분이 가장 원하는 것이
무엇일까 생각해 보았다.
혼자서 일어나고,
좋아하는 사람들과 웃으며 이야기하고,
함께 식사하고, 산책하는 등
그런 아주 사소한 일이 아닐까.
다만 그런 소소한 일상이 기적이라는 것을 깨달았을 때는
대개는 너무 늦은 뒤라는 점이 안타깝다.
……

_≪일상의 기적≫, 박완서

자기 자신이 꼼짝도 못한 채 눈만 껌벅이며 병상에 누어있어야 한다고 가정해보자. 지위가 높으면 뭐할 것이며 돈이 많으면 뭐할 것인가. 물론 나머지 가족들이야 없는 것 보다는 있는 것이 좋겠지만 정작 본인은 어떨까. 소소한 일상이 그립지 않을까. 대부분 건강을 잃기 전에는 건강의 소중함에 둔감한 편이다. 미련한 건지, 오만한 건지는 모르겠지만 스스로 건강하다고 생각한다. 일상의 기적들을 당연하게 받아들인다. '나는 아니겠지, 내 가족은 아니겠지', 아무도 병든 모습을 생각하지 않는다. 아픈 후에야 알게 된다. 일상의 기적이 얼마나 대단한 일인가를 놓치고 산다.

어혈이
정확히 뭐야?

'어혈'

두 글자에서 뭐가 떠오르는가. 한의원, 부항기, 피,
멍 등등.

양·한의학에서 표현하는 어혈의 개념은 다른 듯
보인다. 하지만 핵심은 같다. 양의학에서는 '피떡' 혹
은 '혈전'이라고 한다. 어학사전의 내용을 보면, 피떡

은 '피가 엉기면서 굳어 생기는 검붉은 색깔의 덩어리'라고 한다. 〈위키 백과〉에는 혈전에 대해 이렇게 말하고 있다.

혈전(血栓: Thrombus, Blood clot, 혈병)은 혈액 응고 과정을 통해 혈액이 지혈되어 생성된 최종 산물이다. 이 물질은 혈액의 응고 기전(즉, 응고 인자)이 활성화되어 혈소판 및 피브린이 모여 응집을 일으킨 암적색을 띠는 덩어리이다. 채혈한 혈액을 별도의 처리 없이 방치할 경우 응고되어 생긴 것을 흔히 혈병이라고 하며 체내에서 생성된 것을 혈전이라고 한다. 체내에서 생성된 이 덩어리는 보통 섬유소 용해 과정을 통해 자연스럽게 소멸되나, 병적으로 생성된 경우에는 생성량이 증가하여 체내에서 모두 용해시킬 수 없어 온몸을 떠돌다 혈관을 막아 여러 가지 질병을 유발하는 위험한 물질이다.

위의 내용을 보면 어렵다. 그리고 복잡하다. 하지만 눈에 들어오는 내용이 있다. 어혈은 '온 몸을 떠돌다 혈관을 막아 여러 가지 질병을 일으키는 위험한 물질'이라고 했다. 다시 말해 어혈은 혈액순환장애를 일으킨다는 것이다. 어혈에 대해 뭔가 복잡하게 표현하고 있지만, 어혈은 한마디로 '혈액순환을 방해하는 요인'. 이것이 팩트다. 대통령 한방의료 자문의인 정지천 박사가 쓴 ≪어혈과 사혈요법≫에서 어혈에 대한 다음의 내용을 읽어보자.

"혈액의 흐름이 지체되어서 시원하게 흐르지 못하거나 혈액의 성상에 변질이 생기는 것을 일반적으로 어혈이라고 한다. 어혈이라고 할 수 있는 요건은 혈액순환이 잘 안 되는 것, 혈액이 응결되고 모여서 적체된 것, 혈액의 성질이 변한 것, 혈액 순환의 정상적인 경로인 혈맥을 벗어나 다른 조직으로 삼투되거나 부착되는 것을 말한다."

정치천 박사도 '어혈'에 대해 혈액순환 장애를 일으키는 요인으로 표현했다. 심천사혈의 핵심은 두 가지다. 첫째, 어혈의 제거하는 것. 둘째, 어혈을 빼낸

만큼 영양소·염분·철분을 채워 넣는 것이다. 빼내고 넣어주는 균형을 잘 맞추는 것, '보사의 균형'이 중요하다. 사혈한 만큼 영양소를 비롯해서 염분, 철분을 보충해줘야 한다.

지금은 '사혈'과 '어혈'이 너무도 자연스러운 단어가 되었지만 사혈을 처음 시작할 무렵에는 '어혈'의 실체가 이해되지 않았다. 아무리 자료를 찾아봐도 속 시원하게 이해되지 않았다. 지금 생각해보면 처음부터 사혈에 대한 선입견이 있었기 때문이라는 생각이 든다. 과학의 잣대로 비교하려했다.

어혈을 제거하는 과정은 사혈침으로 피부 표면을 찌른 후, 찌른 부위에 부항컵을 올려놓고 압축기로 압을 걸어 놓은 채 약 4~5분 정도 지나면 덩어리가 나와 있다. 물론 모든 사람들에게서 어혈 덩어리가 나오는 것은 아니다. 사람마다 편차가 심하다.

이런 어혈 덩어리를 보고 "푸딩 같아요."라고 말하

는 아이들도 있다. 지인의 초등학생 딸은 "민달팽이 같아요."라고 했다. 어렸을 때부터 사혈을 접하면서 자란 아이들이다. 그래서인지 어혈을 징그럽게 생각하지 않는다. 어혈을 궁금해 하면서 요리조리 호기심의 눈으로 관찰한다. 그 아이들이 성장하여 중학생이 되었다. 이제는 이 아이들이 엄마, 아빠를 사혈해주기도 한다.

'여러분들은 혈액에 대해 얼마나 알고 있나요?'

내가 알고 있는 혈액은 '적혈구, 백혈구, 혈소판으로 구성되어 있다'는 정도다. 백혈구는 내 몸을 지키는 군대. 혈액이 붉은색을 띠는 것은 '헤모글로빈이라는 붉은 혈색소'때문이라는 것. 적혈구가 산소를 세포에게 전달한다는 것. 혈소판은 '지혈 작용을 한다'는 것. 이게 전부다.

어혈도 혈액이다. 단지, 혈액의 역할을 못할 뿐이다. 역할은커녕 혈액순환을 방해한다. 한마디로 위험한 혈액이다. 깨끗한 물도 오랫동안 고여 있으면 썩는다. 하물며 혈액이 혈관의 특정 위치에서 오랫동안 머물러 있다면 그곳에 있는 체세포들은 어떻게 될까. 여기서 의문을 제기하는 사람도 있을 것이다. '혈액은 액체인데 왜 머문다는 거지?'라고 말이다. 맞는 말이다. 혈액은 원래 잘 순환해야 하는 액체다.

하지만 혈액이 모세혈관을 통과하지 못하는 경우가 발생되고 있다. 순환에 장애가 생긴 것이다. 순환에 장애를 일으키는 혈액을 어혈이라고 한다. 그렇다면,

"어혈이 생긴 이유가 있나요?"

어혈이 생기는 이유는 다양하다. 심천 박남희 선생님의 저서 ≪심천사혈요법1≫에서 어혈의 생성원인을 찾을 수 있다.

▸간 기능의 저하

‣ 신장 기능의 저하

‣ 스트레스

‣ 중금속의 누적

‣ 화학 물질의 누적

‣ 농약, 방부제 등의 독극물에 의한 노출

어혈이 만들어지는 원인을 아는 것은 중요하다. 원인을 알아야 해결책도 있다. 우리는 너무나 자신의 몸을 혹사 시키며 살고 있다. 함부로 먹고, 함부로 대한다. 스스로 챙겨야 할 것은 챙겨야 한다. 챙김 없이 방치하기에는 평균 수명이 너무 길어졌다. 100세까지는 살 것이라고 생각하고 준비해야 한다. 작은 실천이 중요한 때다. 뭐가 되었든 건강을 위해서 꾸준한 방법을 찾아 실행해야 한다.

내가 사혈에 대해 언급하면, 공통적으로 들어오는 질문은 두 가지다.

"사혈이 뭔가요?

이러한 질문을 받을 때마다 나는 간단하게 답변한다. '모세혈관에 걸려 있는 어혈을 제거하는 것'이라고 말한다. 답변이 끝나자마자 '어혈'에 대한 질문이 들어온다.

"어혈이 뭐예요? 죽은피?"

이때마다 나는 '모세혈관의 굵기'를 언급한다. 모세혈관은 머리카락의 1/10~1/100정도로 가늘기 때문에 적혈구가 이 모세혈관을 통과하지 못하면 어혈이 된다. 그렇게 어혈이 쌓이고 쌓이면 모세혈관은 완전히 차단되고, 이 모세혈관과 연결된 세포는 더이상 영양공급을 받지 못한다. 물론 처음에는 다른 경로를 통해서 영양공급을 받기 위해 노력한다. 그리고 스스로 살기 위해서 할 수 있는 일은 모두 한다. 예를 들어, 산도가 너무 높으면 수분을 끌어 모아 희석시킨다. 산소를 확보하기 위해 모공을 확장하기도, 털을 밀어내기도 한다. 하지만 세포들이 할 수 있는 것은 여기까지다. 이때까지도 모세혈관이 계속

32

막힌 채로 있으면 세포의 운명은 어떻게 변할지 아무도 모른다. 좋아질 확률은 제로다. 안 좋거나 더 안 좋아지거나 할 뿐이다.

내 몸에서
어혈을 뺀다고!

어혈을 제거하는 행위를 '사혈'이라고 누차 말했다. 지인들에게 건강을 위해서 사혈을 권하면 대부분 고개를 젓는다.

"저는 무서워서 못해요."
"내 몸에서 어떻게 어혈을 빼요?"

나도 처음에는 그랬다. 사혈은 일반적이지 않을 뿐만 아니라 젊은 층은 접할 기회가 적다. 지금은 너무 익숙해서 혹여 누군가 사혈을 해준다고 하면 감사하다. 하지만 이런 나조차도 싫은 것이 있다. 그것은 바로 건강검진 때마다 뽑아내는 혈액체취다. 굵은 주사기로 내 혈관에서 혈액을 뽑아내면 바짝 긴장한다. 하물며 사혈은 오죽할까 싶다. 편견과 익숙하지 않은 결과다. 그렇기 때문에 사혈에 대해 낯설어하는 반응을 충분히 이해한다.

어릴 적, 아련한 추억 속의 중심에는 할머니가 계신다. 배가 아플 때마다 할머니의 손만 닿으면 신기하게도 낫는 듯 했다. 할머니와 함께 치아를 지붕위에 던졌던 추억. 어떤 일이 있어도 무조건 내 편이셨던 할머니. 체했을 때, 손가락을 실로 꽁꽁 감아 콧김을 쐬인 바늘로 손가락을 따주셨던 기억. 내 몸에 날카로운 것으로 의료행위를 한 것은 바늘로 손가락을 딴 것이 전부였다. 그런데 손끝 발끝도 아닌 내 몸에서 어혈을 빼낸다고 한다. 누구나 처음에는 주저할 것이다.

우리는 현대의학에 익숙해 있다. 어혈이라는 것 자체가 낯설고 어색하다. 누군가는 원시적으로 느끼고 두려워할 지도 모른다. 하지만 한편으로 궁금할 것이다. 적어도 부항기는 한번쯤 보았을 테고 한의원에서 접해봤을 수도 있기 때문이다.

사혈의 역사는 깊다. 의학의 아버지인 히포크라테스도 사혈을 이용했다. 체액의 불균형이 질병의 원인이라고 보았기 때문에 피를 뽑아내는 치유법을 이용한 것이다. 히포크라테스가 이용했던 사혈은 정맥사혈이다. 굳이 분류하자면 헌혈도 정맥사혈에 해당된다. '금진옥액'이라는 사혈도 있는데, 혀 밑의 정맥에서 어혈을 제거하는 사혈이다. 나는 금진옥액을 한번도 해본적은 없다. 사혈마니아인 나조차도 시퍼런 혈관에서 어혈을 제거한다는 자체가 무섭다. 이 또한 편견이겠지만 접해보지 않으면 누구라도 두려운 마음이 든다.

'혈관에 상처를 내어서 피를 뽑아내는 행위?'

심천사혈요법은 시퍼렇게 보이는 굵은 혈관에서 피를 뽑아내는 것이 아니다. 머리카락보다도 훨씬 가느다란 모세혈관에서 어혈을 제거하는 것이다. 거머리를 이용하는 치유법도 있지만 심천사혈은 부항기를 사용한다. 그것도 플라스틱 부항기를.

피에 대한 두려움 혹은 거부감은 여성보다 남성이 더 심하다. 여성들은 한 달에 한 번씩 생리를 하기 때문에 피에 대한 거부감이 덜 할지도 모르겠다.

"처음에는 몸에서 어떻게 그렇게 많은 어혈이 나오는지 신기하기도 했고 놀랍기도 했어요. 솔직히 저는 색안경을 끼고 의심의 눈초리로 바라봤던 것 같아요."

지금은 사혈 마니아가 된 지인의 이야기다. 이 말에 대부분 공감할 것이다. 지인은 기본과정의 교육을 받는 동안에도 아주 예민하게 반응했다. 명현반응이 나타날 때마다 하나부터 열까지 궁금해 했다. 몸이 워낙 엉망이었고 우울증 상태에서 사혈을 접한 터라 본인도 답답했던 시기였다.

물혹이 너무 커서 자궁을 들어내기 직전의 안 선생님, 5년 전에 중풍을 맞아 활동이 자유롭지 못한 세아 할머니, 귀 뒤의 혹 때문에 수술을 하기 위해 혹이 좀 더 크기를 기다리고 있었던 김 원장님, 질염 때문에 항생제를 달고 살았던 희진씨, 주부습진의 가려움으로 잠까지 설쳤던 전 선생님, 편두통 때문에 입원까지 해야만 했던 김 팀장님...

모두 어혈과 사혈에 대해 쉽게 받아들이지 못했다. 그런데 지금은 오히려 나보다 더 사혈 마니아가 되었다. 순환기 질환으로 고생하는 사람들이 많다. 순환기 질환 환자는 생각보다 훨씬 많다. 의료장비도 병원도 더 좋아지고 많아졌는데 아이러니하다. 이제 겨우 30대인데 고지혈증 약을 먹고, 고혈압 약을 먹고 있다. 안타까운 것은 평생 동안 먹어야 한다는 사실이다. 고혈압 약을 오랫동안 먹고 있는 지인들은 당뇨에 걸릴까봐 두려워하고 있다. 자신들이 할 수 있는 최선의 방법은 '식단관리'라면서 먹거리에 늘 신경을 쓴다.

가까운 지인들의 좋지 않은 건강소식을 접하고도 나는 가능한 말을 아낀다. 말하고 싶어도 아낄 수밖에 없다. 내 몸의 어혈을 내가 제거하는 일은 할 수 있어도 다른 사람들의 어혈을 제거해주고 싶지는 않다. 아니 해 줄 수 없다. 가족들이야 어쩔 수 없이 챙기지만 말이다. 이러한 현실 앞에서 수시로 되뇌는 말이 있다.

'혈액 순환을 방해하는 어혈 때문에 다양한 질병으로 고생하고 있다 하더라도 걱정하지 마라. 어혈을 제거함으로써 자신의 세포들이 얼마나 빠르게 회복되는지를 보게 될 것이다. 단, 조건이 있다. 교육을 받은 후에 사혈을 해야 위험하지 않게 건강을 지킬 수 있다. 예방차원으로 사혈을 하는 경우라면 기본혈자리만큼은 책을 보고 해도 괜찮다. 문제는 질병이 있는 경우이다. 고질병이 있는 경우만 아니라면 초등학생이 엄마를 사혈해 줄 수도 있고, 엄마가 초등학생인 아이를 사혈해 줘도 괜찮다. 적어도 2번혈인 위장혈과 3번혈인 뿌리혈은 적극 권장한다. 책만 보고 사혈해도 안전하니 걱정하지 않아도 된다.'

주변에 외치고 싶은 솔직한 나의 속마음이다. 그러나 나는 참는다. 20여 년 동안 참아왔다. 내가 할 수 있는 것이라곤 이 정도뿐이다. 왜냐하면 나는 비겁하기 때문이다. 다른 사람이야 어찌되든 상관없다. 내 가족만 괜찮으면 되지 않는가. 나는 이렇게 살아왔다. 내가 생각해도 진상이다.

이러 했던 내가 조금씩 달라지기 시작했다. '심천사혈요법'이 있다고 알려주고 싶어졌다. 심천사혈의 대단함을 알려주고 싶어졌다. 내가 할 수 있는 것은 거기까지다. 어혈을 제거하든 말든 본인이 알아서 결정할 일이다. 누구도 이래라 저래라 할 수는 없지 않은가. 솔직히 내 가족만을 챙기기도 버겁다. 어떤 때는 일주일에 한 번씩 하는 기본사혈도 귀찮을 때가 있다. 그렇지만 내가 알고 있는 사람들만큼은 건강했으면 좋겠다. 그래야 우울한 소식보다는 좋은 소식들을 좀 더 많이 접할 수 있지 않겠는가.

어혈 좀 뺀다고
건강해져?

'어혈 좀 뺀다고 건강에 무슨 큰 변화를 가져올까?'

이런 의심이 든다면 일단 도전해 보기를 권한다. 결코 작고 하찮게 생각할 일이 아니다. 특히 사·오십 견이나 체했을 때 그 효과를 빨리 느낄 수 있다.

누구나 살아온 세월의 길이가 다르다. 살아온 과정도 다르다. 이런 과정 속에서 축적된 어혈도 마찬가지로 다르다. 똑같은 위장질환을 가지고 있는 두 사람이 있다고 가정 해보자. 누구는 네 차례의 사혈만으로 위장질환이 좋아진다. 반면 다른 한 사람은 사혈을 한 지 몇 개월 만에 좋아지기도 한다.

혹자는 '소 뒷걸음치다 쥐잡기'식으로 아픈 정도가 약해서 나았다고 폄하할 수도 있다. 나도 처음에는 그런 줄 알았다. 어찌하다보니 나은 것이라고. 그런데 나의 고질병이 사라지고 보니 사혈에 대한 생각이 달라졌다. 가족들의 고질병까지 해결되자 확신은 더욱 강해졌다. 적어도 순환기질환 만큼은 해결할 수 있겠다는 믿음이 들었다.

누구나 자기의 인생을 살아간다. 그리고 매 순간 선택한다. 건강도 마찬가지다. 자신의 건강관리 방법이 최선이라고 믿는다. 아니, 믿고 싶을 것이다. 어떤 건강관리든지 확신을 가지면 된다. 그리고 건강하면 된다.

'여러분의 의료비는 1년 동안 얼마인가요?'

전국 평균 1인당 연간 의료비는 235만원이라고 한다. 우리나라 국민의료비가 120조원을 넘어섰다는 것이다. 물론 이 금액은 개인이 치료받는데 지출한 비용과 정부가 예방활동을 하는데 지출한 비용, 그리고 행정비용까지 모두 포함한 금액이다. 하지만 문제는 해를 거듭할수록 의료비는 증가할 수밖에 없다는 사실이다. 이 금액을 놓고 볼 때, 나는 애국자다. 1년에 단 한번 병원에 가기 때문이다. 스케일링을 받기 위해 치과에 가는 것이 전부다.

82세인 나의 어머니도 상황은 마찬가지다. 그 흔한 고혈압 약조차 드시지 않으신다. 모두 사혈의 결과다. 항상 치매가 걱정되는 어머니는 사혈을 하지 않았더라면 이미 치매에 걸렸을 것이라고 말씀하신다. 워낙 힘겨운 삶을 살아오셨기 때문에 어머니의 말씀에 공감한다. 물론 어머니가 100% 건강하시다는 말은 아니다. 때론 눈이 잘 안 보인다고 하신다.

어떤 때는 귀도 잘 안 들린다고 하신다. 무릎이 아프다고 하실 때도 있다. 그렇지만 나는 치매, 뇌졸중 그리고 심장 쪽에 집중한다. 어머니의 요구대로 모두 사혈해드릴 수는 없다. 포기할 건 포기하고 지켜야 할 것은 꼭 지켜야 한다. 그래서 연세가 많은 분들을 사혈할 때는 마음의 중심을 잘 잡고 단호하게 결정해야 한다.

나 역시 중년이다. 20~30대 젊은 친구들의 피부를 보다가 내 피부를 보면 싫다. 수술하지 않고 피부도 탱탱하게 유지하고 싶다. 그러나 나 또한 혈압, 당뇨, 뇌졸중, 치매와 같은 질환을 예방하는데 초점을 맞춘다. 젊다고 자만할 때가 아니다. 어두운 그림자는 어느 날 갑자기 몰려온다. 30대 후반에 뇌졸중으로 쓰러진 지인들도 있다. 10여 년이 지났지만 지금도 사회생활을 못하고 있다. 우리는 대부분 안전불감증이 심하다. 나만큼은, 우리 가족만큼은 '아니겠지!'라는 생각은 위험하다.

사혈을 모르는 사람들은 하나부터 열까지 궁금한 것 투정이일 것이다. 공학도인 나는 더 그랬다. 그래서 무엇을 궁금해 하는지 잘 안다. 그리고 이해한다.

"어혈을 제거한다고 건강해지나요?"
"네, 건강해집니다. 제대로만 한다면 말이지요."

나는 편두통·신경성위염·비염을, 어머니는 요실금·천식·심근경색 등을 사혈로 해결했다. 이외에도 위급한 상황이 닥쳤을 때 사혈로 극복했다. 그래서 나는 사혈마니아가 되었다. 솔직히 이렇게 효과적인 심천사혈요법을 모르는 사람들이 안타깝다. 조금만 배워도 누구나 쉽게 할 수 있는데 말이다. 예방사혈만 해도 우리나라의 의료비는 지금처럼 기하급수적으로 증가하지 않을 텐데 말이다. 신라 제48대 왕인 경문왕의 비밀을 복두쟁이가 대밭을 향해 '임금님 귀는 당나귀 귀!'라고 외쳤듯이, '심천사혈요법을 좀 배우세요!'라고 외치고 싶다.

'나는 건강해요!'라고 말하는 사람들이 의외로 많다. 건강검진결과 별 이상이 없다고 건강하단다. 그러나 진짜 그럴까? 나는 절대 아니라고 본다. 쉬운 예로 들어보겠다. 1에서 10까지의 숫자를 놓고 볼 때, 수치가 5이상이면 건강에 문제가 있다고 하고 5 미만이면 건강하다고 가정해보자. 그렇다면 4.99는 건강하다고 할 수 있을까? 이게 바로 수치의 함정이다. 그래서 이전 건강검진에서는 아무런 이상이 없었는데, 1년 사이에 건강에 문제가 생겼다고 당황해한다.

한 사람이 태어나는 순간 100명의 명의가 내 안에 있다고 하지 않는가. 우리는 내 몸 안에서 명의들이 마음껏 활동할 수 있도록 골목골목에 놓여 있는 쓰레기들만 치워주면 된다. 이것이 우리가 할 수 있는 전부이고 최선이다. 그러면 된다. 명의들이 자유롭게 왕진 갈 수 있도록 해주면 된다. 좁은 길에 널브러져서 악취가 나는 쓰레기들을 치우는 것이 바로 심천사혈요법이다. 좁은 골목길이 모세혈관인 것이다.

기본사혈로 미리미리 건강을 챙겨야한다. 건강을 잃은 후에는 모든 과정들이 힘겹다. 경제적으로나 정신적으로 말이다. 심천사혈요법에서의 기본 혈자리는 모두 4개다. 몸의 앞쪽 2개, 뒤쪽 2개. 앞쪽은 위장혈과 뿌리혈이고, 뒤쪽은 고혈압혈과 신간혈이다. 위장혈과 뿌리혈은 초등학생도 할 수 있을 만큼 위험하지도 어렵지도 않다. 실제로 나는 4학년짜리 조카에게 사혈을 가르쳤다. 어른들 눈에는 어려보이지만 결코 그렇지 않다. 아주 야무지게 잘한다. 나의 손은 대단한 곰손이다. 뭘 해도 손이 야무지지 못하다. 그런 나도 위기상황에서 가족을 구했고 지금도 가족의 건강을 관리하고 있다.

사혈과 부항,
뭐가 달라?

집집마다 부항기를 가지고 있는 분들이 의외로 많다. 사용여부는 잘 모르겠지만 말이다. 집에 부항기가 있다는 것은 부항기를 사용할 만한 어떤 계기가 있었을 것이다. 대부분 부항기 자체만으로는 거부감이 없어 보인다. 그래서 일까? 대중목욕탕에 가보면 시선을 잡아끄는 모습을 흔하게 볼 수 있다. 그것은 바로 부항자국이다. 부항 자국의 색깔은 다양하다. 흑자주색, 빨간색, 노란빛을 띤 색, 파란빛을 띤 색

등.

대중목욕탕에서 보았던 부항자국의 실체를 판단하기는 어렵다. 사혈을 한 건지, 부항을 뜬 건지. 특정 부위가 아닌 얼굴을 제외한 온 몸에 부항 자국이 있는 경우는 부항 즉 '건식부항'일 확률이 크다. 몸 전체를 빈틈없이 사혈하는 무모한 사람은 없을 것이기 때문이다. 이렇듯 사혈과 부항을 육안으로 구분하기는 쉽지 않다. 가까이에서 자세히 관찰하지 않는 이상 본인만이 알 뿐이다.

'사혈'과 '부항'을 같은 개념으로 생각하는 사람이 많다. 한의학의 논문을 검색해 보면, 사혈은 '습식부항', 부항은 '건식부항'이라는 표현을 한다. 통일된 용어는 결코 아니다. 논문에서 조차 다양한 용어로 사용한다. 이형은은 그의 논문 ≪건식 및 습식 부항 요법이 급성 경·요추 염좌에 미치는 임상 효과 비교≫에서 건식부항과 습식부항에 대해 이렇게 설명하였다.

부항요법은 발관법(拔罐法), 흡통요법(吸筒療法), 흡각요법(吸角療法)이라 하며 관내(罐內)의 공기를 제거하여 음압을 발생시켜 체표에 흡착함으로 충혈이나 어혈현상에 의해 질병의 진단, 예방과 치유의 작용을 가지고 있는 한방물리요법의 일종이다. 부항은 운용방식에 따라 자락 없이 부항컵을 붙여 발생하는 물리적인 작용으로 혈액을 맑게 하고 체내의 근육에 축적된 가스를 제거하여 질병의 치유 및 예방의 작용을 하는 건식부항요법과 병변주위의 소혈관을 자파(刺破)한 후 그 위에 부항컵을 흡착시킴으로써 지통(止痛), 진정(鎭靜), 소종(消腫), 개규구급(開竅救急), 청혈(淸血)등의 작용을 하는 습식부항요법으로 나누어볼 수 있다.

한의학에서는 한자로 된 용어가 많다. 그래서 일반인들이 접근하는데 어렵다. 쉬운 내용도 어렵게 느껴진다. 내가 이해한 건식부항과 습식부항의 공통점은 부항기를 사용한다는 것이다. 차이점은 피부 표면을 사혈침으로 찌르는지의 여부에 따라 달라진다. 건식부항은 찌르지 않고, 습식부항은 찌른다. 류재희는

≪심천사혈요법의 건강 개선효과 조사 연구≫에서 부항요법과 사혈요법으로 정리하였다.

　부항요법과 사혈요법은 모두 혈액의 정화요법으로 동그란 소주잔 모양의 단지를 활용하며, 어혈이나 노폐물을 제거하여 질병을 치유, 예방하는 데 공통점이 있다. 부항요법의 원리는 피부표면에 진공에 의한 음압 충격을 가해 체내의 어혈(멍든 피)또는 산독화한 노폐 혈액을 강력한 흡수력으로 피하로 끌어내서 분해하고 청소하여 자가 혈청 또는 단백체로 재생하고 정혈 하는 요법인데, 그 과정에서 체내가스 교환, 독소 제거, 혈관 청소 등의 작용이 일어나 혈액이 맑아지고 혈액 순환이 촉진되는 것이다. 사혈요법은 사혈침으로 15회 정도로 피부를 찌르고 부항에 압을 걸어서 모세혈관에 쌓여 있는 어혈을 인위적으로 뽑아내어 막혀 있는 혈관을 뚫어주는 요법이다.

　결국 부항요법과 건식부항요법은 같은 의미이고, 사혈요법과 습식부항요법은 같은 의미다. 사혈의 종류도 다양하다. 심지어 거머리를 이용하는 것도 사혈의 종류다. 다양한 사혈 중에서 내가 건강관리로 하고 있는 사혈은 모세혈관의 어혈을 제거하는 심천사혈요법이다.

정리하자면, 사혈침의 사용여부에 따라 '사혈'과 '부항'으로 구분한다. 사혈침으로 찔러서 어혈을 제거하는 것은 '사혈', 사혈침으로 찌르지 않고 부항컵을 피부에 부착해서 압만 거는 것은 '부항'이다. 즉 대중목욕탕에서 아주머니들이 온 몸에 붙이고 있는 것이 '부항요법'인 것이다.

사혈,
아프고 위험하지 않을까?

고등학교 2학년 때의 일이다. 학교에 헌혈차가 왔다고 친구들이 웅성거렸다. 키 작은 학생들은 퇴짜 맞고 왔다는 이야기도 들렸다. 그 소리를 듣고 나는 헌혈하지 말아야겠다고 마음먹고 있었다. 그런데 스피커를 통해 들려오는 소리에 갑자기 가슴이 콩닥콩닥 뛰기 시작했다.

"AB형을 급하게 구하고 있습니다."

"혈액형이 AB형인 학생들은 가능하면 헌혈을 해주시기 바랍니다. 위급한 누군가의 생명을 살리는 일에 동참해 주세요."

순간 두려웠다. 하지만 군중 심리에 휩쓸려 헌혈차가 있는 곳으로 갔다. 차안에는 이미 헌혈하고 있는 학생들이 많았다. 큼지막한 비닐로 된 혈액주머니가 눈에 들어왔다. '헉, 피를 저렇게 많이 뽑아도 위험하지 않을까' 하지만 능숙한 솜씨의 간호사 언니 덕분에 무사히 헌혈을 마쳤다. 두려웠던 마음과는 달리 그다지 아프지 않았다. 어지럽지도 않았다. 나는 초코파이와 우유를 들고 의기양양하게 교실로 돌아왔다. 누군가의 생명을 구하는데 한몫했다는 뿌듯함이 나를 우쭐하게 만들었다. 나는 그렇게 난생 처음 헌혈을 하게 되었다.

헌혈의 양은 1회 320~400ml. 2개월마다 연 5회까지 가능하다고 한다. 1년에 1,600~2000ml다. 2리터짜리 생수 한 병의 양이다. 위험하지 않을까. 갑자기 우리나라의 최다 헌혈자가 궁금했다. 검색해 보니 '2017년 10월 12일 기준 724회'라는 엄청난 기록이 눈에 띄었다. 60대 후반의 남성으로 30년 전부터 헌혈을 했다고 한다. 한 달에 두 번 꼴로 헌혈한 셈이다. 위험해 보인다. 사혈도 아닌 헌혈이다. 하지만 이 분은 이렇게 말했다.

"헌혈은 건강의 저축입니다. 명예나 재산을 잃으면 일부분을 잃는 것이지만 건강을 잃으면 100%를 잃는 것입니다"

70세를 눈앞에 두고 있지만 지금도 헌혈을 하고 있다고 했다. 건강하지 않으면 헌혈도 못할 것이다. 과연 언제까지 헌혈을 하실지 기대된다.

헌혈과 사혈. 헌혈은 동맥혈관에서 건강한 피를 뽑는 것이다. 반면에 사혈은 모세혈관에 걸린 어혈을 제거하는 것이다. 무엇이 더 위험하고, 무엇이 덜 위험할까. 분명한 것은 헌혈이 되었든, 사혈이 되었든 뽑아낸 만큼 영양분을 채워 넣어 줘야한다. 그래서 혈액이 빨리 만들어질 수 있도록 해야 한다. 최다 헌혈자분도 이것만큼은 잘 지키고 계실 것이다.

사혈을 해보기 전에는 무서웠다. 해보지 않은 상태에서 거부감이 컸기 때문이었을 것이다. 과학적으로 이미 검증된 병원에 가는 것도 심난한데 하물며 대체 요법이다. 사혈을 두려워했던 옛날을 생각하면 지금도 피식 웃음이 나온다. 초등학생도 사혈을 해주면 잘 참는데 말이다. 처음 한번만 넘기고 나면 두려움은 사라진다. 사혈침으로 찌르는 요령만 잘 습득하면 아이들도 참을 만 하다고 말한다.

아픔의 정도 차이는 있다. 누군가는 전혀 아픔을 못 느끼고 누군가는 엄청 아파하지만 그것조차도 그 사람의 건강에 문제가 있는 것이다. 물론 엄살이 심한사람도 있다. 아픔을 전혀 못 느끼는 것도, 너무 심하게 아픈 것도 정상이 아니다. 몸에 문제가 있다는 뜻이다. 사혈을 해서 어혈이 어느 정도 나오면 아픔을 전혀 느끼지 못했던 사람은 통증을 느끼기 시작하고, 엄청 아파했던 사람은 적당하게 아픔을 느끼게 된다.

가족이 나를 사혈해 줄 때, 나는 깊은 잠에 빠지는 경우가 많다. 어떤 때는 민망할 정도다. 코는 안 골았는지, 침은 흘리지 않았는지 신경이 쓰일 때도 있지만 가족인데 어쩌랴. 사혈이 위험하다면 가족에게 어떻게 해 주겠는가. 하긴 요즘 같은 세상에는 별일이 다 있으니 장담할 수는 없겠지만 말이다.

나는 다른 것은 차치하더라도 기본혈자리, 특히 2번 위장혈과 3번 뿌리혈 만큼은 포기하고 싶지 않다. 솔직한 심정은 한의원이나 병원에서 심천사혈요법을 배워서 환자들에게 해줬으면 하는 마음이 간절하다. 우리나라에서는 홀대받고 있는 심천사혈요법이 중국에서는 엄청난 인기를 누리고 있다고 하니 안타까운 마음이 크다.

굳이
혈자리가 필요해?

내가 사혈을 배우기 전까지 '혈자리'는 신비스러움, 그 자체였다. '허준'이라는 드라마의 영향일 것이다. 쓰러진 사람도 침 몇 방으로 살려내는 모습이 지금도 생생하다. 생명을 구하는 혈자리. 막연한 생각이었지만 사실이다.

'혈자리'

"머릿속에 무엇이 떠오르나요?"

"혈자리를 잘못 잡으면 큰일 나지 않을까요?"

"혈자리를 이탈해서 잡았을 경우 내 몸에 문제가 생기지는 않을까요?"

대부분 이 정도일 것이다. 침은 물론이고 뜸과 수지침에도 혈자리가 중요할 것이다. 대체의학의 종류는 많지만 내가 알고 있는 것은 오직 심천사혈요법뿐이다. 어떤 대체의학이 더 좋고 그렇지 않고는 중요하지 않다. 각자 자신에게 맞는 건강관리법을 배워 활용하면 된다. 자신이 건강하고 가족이 건강하면 된다.

심천사혈요법에도 59개의 혈자리가 있다. 사혈점의 명칭을 가나다순으로 나열하면 가슴통혈, 간질병혈, 감기혈, 견비통혈, 고혈압혈, 골반통혈, 골프통혈, 관절염혈, 귀울림혈, 급체혈, 기관지혈, 기미혈, 닭살혈, 대머리보조혈, 두통혈, 목통혈, 무좀혈, 발목통혈, 뿌리혈, 생리통혈, 습진혈, 시력혈, 신간혈, 신합통혈, 안구건조증혈, 알통혈, 암내혈, 앞근통혈, 앞쥐통보조혈, 앞쥐통혈, 양반혈, 오금통혈, 위장혈, 척수염혈, 척수염혈 보조, 축농증혈, 치질혈, 침샘혈, 턱관절혈, 팔관절혈, 팔굽통혈, 팔기미혈, 팔목통혈, 풍치혈, 협심증혈, 횡격막보조혈 등이 있다.

"혹시 위의 혈자리 명칭에서 어떤 공통점을 발견하지 않으셨나요?"

"중국식 혈자리 이름이 아닌 순수 우리말이네요."

"네, 맞습니다."

혈자리 명칭을 순수 우리말로 정한 이유에 대해 심천사혈요법 창시자인 박남희 선생님은 이렇게 말씀 하셨다.

"심천사혈요법은 일반 대중을 기준으로 하고 있는 의술이지. 어떻게 하면 일반인도 쉽게 사혈점의 위치를 찾고 외울 수 있을까를 생각했어. 그러다가 사혈을 하면 좋아지는 증세로 사혈점의 이름을 붙였지.

예를 들어, 어떤 한 곳을 사혈해 주면 여러 증상이 좋아질 수 있는 사혈점에는 그 중 기억하기 좋은 증세로 이름을 지은 거지."

일반 대중을 위한 의술. 중요한 부분이다. 적어도 가족 중에 한 사람만 배워도 웬만한 순환기질환은 부항기 하나만으로 해결할 수 있으니 말이다. 심천사혈요법의 혈자리는 모두 직관적이다. 예를 들어 두통혈을 사혈하면 두통이, 위장혈을 사혈하면 위장 질환이, 고혈압혈을 사혈하면 고혈압이 해결될 수 있도록 하였다. 그래서 한번 들으면 쉽게 잊히지 않는다. 심천사혈요법을 몰라도 해당 혈자리를 사혈하면 왜 어혈을 빼야 되는지 알 수 있을 만큼 이해하기 쉽다. 심천 박남희 선생님은 '심천사혈요법'이 한국의 고유한 의술이라는 것을 확립하고 남기려 하셨다.

"사혈점을 순 우리말로 지으신 또 다른 이유가 있었던 것으로 알고 있는데요?"
"내가 죽고 없으면 심천사혈요법이 중국 것이라고

할지도 몰라. 역사적으로 보면 이런 일들이 많았 거든. 중국으로 넘어가서 역으로 들어올 수도 있 다는 생각을 했어."

"중국에서의 반응이 대단하다고 들었는데 사실인가 요?"

"우리나라에서는 심천사혈을 홀대시하고 있지만, 중국에서는 대접받고 있는 셈이지. 이 사람들은 심천 사혈요법의 엄청난 효과를 이미 경험으로 알아버린 거야."

"씁쓸하시겠어요."

"어쩔 수 없지. 우리나라의 현실이 그러하니."

사람들은 침이나 수지침의 혈자리를 중요하게 생 각한다. 하지만 부항요법의 경우 혈자리를 무시한다. 자신이 불편한 부위에 부항컵을 놓고 압을 건다. 어 깨가 아프면 어깨에, 무릎이 아프면 무릎에 부항컵을 붙여놓는다. 피부의 색이 흑자주빛으로 변할 때까지 부항컵을 그대로 둔다. 너무 오래 붙여놓아서 물집이 생기기도 한다. 온 몸의 부항자국을 보면 할 말이 없어진다. 일시적인 시원한 맛에 반복적으로 건부항을 이용하는지도 모른다. 그러나 어떤 질환이 있을 경우에는 사정이 다르다. 편두통, 고혈압, 요실금, 위장질환 등이 있을 때에는 사혈을 히는 깃이 효과적이다.

심천사혈요법은 질환별로 혈자리가 명확하게 정해져 있다. 질환에 따라 해당 혈자리를 사혈해보면 그 효과에 대부분 신기해한다. 의학적인 지식 없이 자신의 손으로 불편한 곳을 해결할 수 있으니 말이다. 물론 주의사항도 많다. 주의사항은 꼭 지켜야 한다. 지킬 자신이 없으면 사혈은 하지 말아야 한다. 주의사항만 숙지한다면 많은 순환기 계통 질환으로부터 벗어날 수 있을 것이다.

사혈을 하다보면 혈자리를 잘못 잡는 경우를 종종 보게 된다. 정확한 사혈점의 위치가 아닌 것이다. 하지만 실수로 위치를 조금 이동했다 하더라도 부작용이 발생하는 것은 아니다. 단지 질병의 회복이 느릴 뿐이다. 질병이 경미할 때는 회복이 더디더라도 괜찮다. 문제는 위험하게 진행되고 있는 질병의 경우다. 병의 진행속도가 80km로 가고 있는데, 사혈로 따라잡는 속도가 20km라고 한다면 어떨까. 절대로 안 되는 일이다. 일단 사혈을 시작했다면 효율적으로 해야 한다. 그래서 최대한 빨리 병의 진행속도를 따라 잡아야 한다. 그렇지 않으면 위험한 상황으로 몰고 갈 수 있다.

SIMCHEON BLOOD CUPPING MANIA

2장

사혈할 수밖에
없는 이유

세포들은 총성 없는 전쟁터에 있다
세포들의 외침, 무시할 텐가?
죽을 때까지 약을 먹어야 한다
쌓여가는 미세먼지 어쩔 거야?
치매 인구, 국가가 망할 수도 있다
대신 아파줄 수 없다면 배워라
응급상황 시, 대처할 능력이 생긴다면?

세포들은
총성 없는 전쟁터에 있다

문득 이런 생각이 든다.

'내 몸의 세포들은 행복할까?'

1초의 망설임도 없이 'NO'다. 입맛에 이끌렸고 편리함에 이끌렸다. 그러다보니 몸에 좋지 않은 음식들을 입에 밀어 넣었다. 순간의 행복을 위해 세포들의 환경은 무시했다. 때론 넘어져 온 몸에 멍이 들기도 했다. 담배연기가 자욱한 곳에 오래 머물기도 했었다. 나의 스트레스가 세포들에게 공포감을 주었을 것이다. 그래도 내 몸의 세포들은 버텨주었다. 10년, 30년, 50년 그 누군가에게는 100년 동안 아슬아슬하게 버티고 있을지도 모른다. 세포들이 끝까지 버텨준다면 감사한 일이겠지만 이 조차도 욕심이고 오만일 것이다.

10년, 20년 일 때에는 묵묵히 참았을 것이다. 세월이 길어질수록 세포들은 자신이 있는 자리에서 최선의 노력을 했을 것이다. 산소가 부족해서 숨을 쉬기 힘들면 모공을 확장해서 숨을 쉬었을 것이고, 솜털을 밀어내어 숨 쉴 공간을 확보했을 것이다. 세포들의 식량은 혈액이다. 깨끗한 혈액을 원했건만 도저히 먹을 수 없는 식량 때문에 오히려 고통스러워하는 세포들도 있을 것이다.

우리 몸 안의 세포들. 이들의 생명 줄기는 모세혈관이다. 세포에게 산소와 영양소를 전달하고 이산화

탄소와 노폐물을 수거해간다. 심장으로부터 나온 혈액이 몸속을 돌아 심장으로 다시 돌아오는데 걸리는 시간은 평균 25초라고 한다. 이 시간 안에 우리 몸의 모든 세포들은 자신이 필요한 영양분과 산소를 흡수하고 노폐물과 이산화탄소를 내보내야 한다. 이게 정상시스템이다. 하지만 현실은 그렇지 않다. 모세혈관이 막혀서 세포들이 굶어죽기도 하고, 오염된 혈액이 세포에게 치명타를 입힐 수도 있다.

피가 깨끗하지 못하고, 혈관이 튼튼하지 못하고 장기의 기능이 떨어졌을 경우, 크고 작은 질병이 생긴다. 저린 증상부터 시작하여 심하면 뇌졸중, 심근경색 등과 같은 혈관질환이 발생한다.

누구나 깨끗한 혈액을 원한다. 혈액의 상태에 따라 몸 상태가 달라지기 때문이다. 온 몸을 구석구석 돌아다녀야 할 혈액이 그 기능을 상실하면 우리는 어떻게 될까? 두말할 것도 없이 건강을 잃게 된다. 그리고 점점 더 늙어 간다. 혈액의 상태는 생활습관과 밀접한 관련이 있다. 깨끗한 혈액을 원하지만 바쁘다는 명목하에 인스턴트식품으로 끼니를 대신하는 경우가 많아졌다. 젊음을 유지하고 싶지만 불규칙한 생활이 일상의 모습이다. 운동 부족, 과도한 음주나 스트레스는 혈액을 점점 더 오염시킨다.

어떻게 하면 자신의 혈액을 깨끗하고 건강하게 지킬 수 있을지 고민해야할 때다. 일상 속에서 조심할게 너무 많다. 이 조심 자체가 스트레스지만 적어도 과식, 가공식품의 섭취 정도는 줄여야 한다. 교과서적인 고리타분하고 뻔한 얘기지만 신경써야한다. 내몸의 세포들을 지켜야 한다. 홍시가 먼저 떨어질지 땡감이 먼저 떨어질지 아무도 모른다. 젊다고 과신하면 안된다. 고혈압, 당뇨, 뇌졸중, 치매 등이 자신의 문제로 다가올 수 있기 때문이다. 남녀노소를 막론하고 말이다.

세포들의 외침,
무시할 텐가?

'모세혈관에 쌓여 움직이지 않는 혈액'을 어혈이라고 했다. 처음에는 적은 어혈이 모세혈관에 걸려 있을 것이다. 시간이 지날수록 또 다른 어혈이 이곳에 걸려 점차적으로 쌓일 것이다. 결국 이 부위에는 한 달 전에 쌓인 어혈, 10년 전에 쌓인 어혈, 20년 전에 쌓인 어혈이 함께 머물게 된다. 오래된 어혈은 부패 정도가 심할 것이고, 이 어혈과 맞닿은 세포들은 고통스러워 할 것이다. 세포들은 열악한 환경에서 살아남기 위해 고정된 위치에서 뭔가를 할 것이다.

수분을 끌어 모아서 희석시키기도 하고, 모공을 확장하여 산소확보도 할 것이다. 자신의 생명에 위협을 느낀 세포들은 비정상적인 속도로 2세를 남기려 할 것이다. 그게 바로 암이다. 이외에도 세포들은 살아남기 위해서 이를 악물고 최선을 다할 것이다. 무지한 우리는 세포의 환경을 무시한 채 세포들의 소리에 귀 기울이지 않을 것이고 세포들의 표현에 짜증스러워할 것이다. 가려움으로 표현하면 박박 긁을 것이고 피부에 염증이라도 생기면 스테로이드성 연고로 한방에 눌러버리려고 할 것이다.

"젊었을 적에는 그렇지 않았는데 이곳저곳 아픈 곳이 많아요!"
"날씨만 흐려도 뼈마디가 어찌나 쑤시는지, 일기예보보다도 내 몸의 신호가 정확해요!"
"시력만큼은 자부심을 가질 정도로 좋았는데, 이제는 돋보기 없이 글씨를 볼 수가 없어요!"

연령별로 아픈 곳이 다양하다. 나이가 들어갈수록 아픈 강도가 심해진다. 갓난아이가 청년, 중년, 노년 기까지 오면서 몸의 세포들은 끊임없이 표현했을 것이다. 지금 이 순간에도 세포들은 열심히 외치고 있을지 모른다.

'나, 너무 힘들어요!'
'이제는 더 이상 못 버티겠어요!'

처음에는 온 몸이 나른하고 피곤만 하였다. 그런데 어느 때부터 간단한 스트레칭만 해도 나도 모르게 '아이고' 소리가 난다. 몇 년 전까지만 해도 우스웠던 동작들이 이제는 버겁다. 스트레스를 받으면 뒷목이 당긴다. 가끔 한 쪽 눈이 실룩거리기도 한다. 조금만 걸어도 허리가 아프다. 남성의 경우 오줌 줄기가 약해지고, 여성의 경우 생리혈이 시커멓다. 보기만 해도 기분 나쁘다.

'세월 앞에 장사 없다'는 말이 있다. 몸이 삐걱거

려도 당연하게 생각한다. 자신은 특별히 아픈 곳이 없다고 생각한다. 나이가 들었기 때문이라고 단순하게 정리해버린다. 과연 그럴까? 나이가 들수록 온몸의 기능이 점차 저하되고 있는 것은 사실이지만 가벼운 증상을 만만하게 봐서는 안 된다. 세포들의 외침을 계속 무시하게 되면 어느 날 갑자기 '뻥!'하고 터질 수 있다. 이는 곧 죽음을 의미한다. 죽는 것이 두려운 것이 아니다. 죽은 것도, 살아 있는 것도 아닌 상태로 10년, 20년 있는 것이 두려울 뿐이다.

'잔병치레를 많이 한 사람들이 오랫동안 건강하게 산다.'는 말이 있다. 병이 잦은 사람일수록 세포들의 신호를 잘 알아챈다. 가벼운 증상도 유심히 살핀다. 일상의 소소한 행동을 보면 알 수 있다. 적은 양의 식사지만 거르지 않고 제때 한다. 가벼운 산책이나 운동을 꾸준히 한다. 이것이 건강하게 오래 사는 비결일 것이다. 편안한 마음가짐도 중요하다. 살면서 스트레스를 전혀 안 받을 수는 없다. 하지만 마음을 다스림으로써 적게 받을 수는 있다.

지금부터라도 세포의 신호에 귀기울여야한다. 우리 몸의 세포들이 원활하게 자신들의 일을 할 수 있도록 신경 써야 한다. 혈액이 오염되지는 않았는지, 어느 부위가 막히지는 않았는지 잘 살펴야 한다. 고혈압, 당뇨, 동맥경화, 뇌출혈, 협심증이나 심근경색 등으로 죽는 순간까지 산소호흡기에 의지한 채 온 가족이 고통 속에 놓이지 않도록 해야 한다.

죽을 때까지
약을 먹어야 한다

어느 날, 작은아버지의 사고 소식을 듣게 되었다. 이미 한 달 전에 사고를 당하셨는데 뒤늦게 알았다. 어머니를 모시고 급하게 병문안을 갔다. 오른쪽 다리 대퇴골이 끊어졌다고 했다. 시골에서 농사를 짓고 계시기 때문에 경운기사고라고 생각했다. 하지만 아니었다.

"살짝 넘어졌는데 허망하게 끊어졌어."

"처음에는 대수롭지 않게 생각하고 119를 불러 W
병원으로 갔지."

"그런데 자기네는 수술을 못하겠다는 거야."

"왜 못한다고 해요?"

"내가 10년 전에 심장수술을 했잖아. 그게 이유였
어."

"수술했던 병원으로 가라는 거지."

"그래서 서울까지 가서 수술하고 1주일 후에 다시
이곳으로 온 거야."

작은아버지는 심장수술을 받으신 이후로 지금까지
매일매일 약을 드시고 계신다. 나는 드시고 있는 약
이 궁금했다.

"어떤 약을 드시는 거예요?"

"심장 약, 신경통 약, 당뇨 약, 간수치 내리는 약
이렇게 4가지를 먹고 있지."

"매일매일 하루에 3번씩 드시는 거예요?"

"그렇지."

"위장은 괜찮으세요?"

"다행히 위장은 괜찮아."

"그런데 매 끼니때마다 약 먹는 일이 보통일이 아니야."

"평생을 먹어야 하니 고역이지."

"약은 얼마 만에 한 번씩 타러 가세요?"

"한 달에 한 번씩 병원에 가는데, 서울까지 가야해서 힘들어."

10년 이상, 약을 드신 것이다. 하루라도 거르면 큰일 난다고 하신다. 이번 다리 수술 때문에 약이 또 추가되었다. 생각만 해도 심난하다. 그러고 보면 우리 어머니는 행복한 분이다. 82세인데도 불구하고 드시는 약이 전혀 없다. 친구 분들을 만나고 오실 때마다 흥분하며 말씀하신다.

"다른 사람들은 밥 먹고, 한주먹씩 약을 먹더라."

"고혈압 약은 기본이고, 암튼 뭐를 많이 먹어."

"아무 약도 먹지 않는 내가 이상할 정도야."

말씀하시는 어머니의 어깨에 힘이 들어가 보인다. '나, 이런 사람이야!'라는 표정이 어머니의 얼굴에서 읽혀진다. 어머니도 젊으셨을 때는 많은 약을 드셨다. 특히 관절염으로 고생을 많이 하셨다. 식탁위에는 언제나 약봉지가 수북이 쌓여있었다. 세 분의 이모님들이 계시는데 모두 고혈압과 당뇨 약을 드시고 계신다. 혈압이 높으니 드셔야 한다. 문제는 평생 동안이다. 아이러니하게도 네 자매 중 맏언니인 우리 어머니만 아무약도 드시지 않는다는 사실이다.

네이버 검색창에 "대증요법"을 입력해보았다. 나온 결과는 이렇다.

어떤 질환의 환자를 치료하는 데 있어서 원인이 아니고, 증세에 대해서만 실시하는 치료법. 예를 들어, 폐결핵으로 미열(微熱)이 계속되고 있는 환자에 대해서 해열제를 투여하는 경우를 대증요법이라 한다.

대증요법은 우리 몸 전체에서 질병의 증상만을 따

로 떼어낸다. 그런 다음, 단순히 그 증상만을 해결하려고 한다. 콧물이 나오면 콧물을 멈추게 하고, 기침이 나오면 기침을 멈추게 한다. 피부가 짓무르면 스테로이드제로 제압하려고 한다. 이것은 살충제로 해충을 죽이는 것과 똑같은 발상이다.

우리의 몸은 신장, 간, 위, 방광, 장 등의 모든 장기가 서로 밀접하게 연관되어 있다. 그렇기 때문에 위장약을 먹었을 경우, 그 약은 우리 몸의 모든 세포에게 영향을 미치는 것이다. 독한 약일수록 몸에 끼치는 영향은 무서울 정도다. 기관지염이 있다고 가정해보자. 이때, 몸의 염증을 잡기 위해 항생제를 복용한다. 그런데 문제는 정상적인 세포까지 죽여 버린다는 것이다. 약의 내성까지 생기게 되면 약은 점점 더 강해질 수밖에 없다. 강한 약은 부작용을 일으킬 가능성이 높아진다. 병은 나아도 우리 몸은 망신창이가 되어버린다.

쌓여가는 미세먼지
어쩔 거야?

매일아침 일어나자마자 체크하는 것이 있다. 바로 날씨정보다. 그 중에서도 미세먼지·초미세먼지 지수다. 미세먼지가 매우 나쁠 때에는 알림문자까지 온다. '어린이나 노약자는 외출을 삼가 하라'는 내용이다. 어렸을 적, 아니 몇 년 전까지만 해도 맑은 하늘을 보는 것은 당연했다. 그런데 어느 때 부터인가 숨 쉬는 것조차 제약이 생겼다. 높고 맑은 하늘, 깨끗하고 신선한 공기가 그립기만 하다.

미세먼지는 인간이 만들어낸 재앙이다. 미세먼지는 아이들의 동심까지 빼앗아가고 있다. 이대로 간다면 우리 아이들은 소풍에 대한 추억을 간직할 수 있을까. 미세먼지의 재앙은 소풍을 미친 짓으로 만들어버렸다. 유치원에서 소풍을 감행하기라도 하면 큰일 난다. 학부모들의 원성 때문이다. '미세먼지의 지수가 기준치를 넘었을 때, 소풍을 간다는 것은 미친 짓이다.'라고 생각하게 되었다.

'필수품이 되어버린 미세먼지 마스크'

요즘은 미세먼지 마스크가 유행 아닌 필수품이 되어버렸다. 검정색, 하얀색, 그리고 디자인도 다양하다. 검정색 마스크도 자연스러워졌다. 예전에는 본능적으로 경계했던 검정색 마스크를 낀 사람조차도 이제는 패셔너블하게 보는 것 같다. 검정색 마스크를 턱에 걸치고 다니는 젊은이들의 모습을 흔하게 볼 수 있다. 하지만 이런 마스크가 우리의 건강을 얼마나 보호해줄 수 있을까? 우리나라 국민의 82.5%가

미세먼지에 불안해하고 있다고 한다. 직관적인 불안감일 것이다. '건강이 무너질 것 같은 무서운 느낌' 말이다. 김시영기자(아시아투데이, 2019.4. 18)가 쓴 기사에서 '미세먼지'에 대해 이렇게 말했다.

성균관대 연구진이 질병관리본부 용역을 받아 작성한 미세먼지 건강영향 평가 보고서에 따르면 미세먼지 농도가 높았던 2018년 4~5월 폐렴, 폐쇄성 폐질환, 허혈성 심장질환, 심부전 등 4개 질병의 환자 수가 증가했다. 초미세먼지가 '나쁨'일 때 '폐렴'으로 병원을 찾는 환자 수가 일평균 기준 28.6명 초과했고, 만성폐쇄성폐질환의 경우 1.80명 초과했다.

2014년 세계 감염병 오픈 포럼에 발표된 논문에 따르면 18세 이상 만성질환자(18~49세, 50~64세, 65세 이상 3개군으로 나눠 연구 진행)와 건강한 성인의 폐렴구균(세균성 폐렴 원인의 최대 70% 차지)에 의한 폐렴 발생 확률을 비교한 결과, 천식과 만성폐쇄성폐질환(COPD) 환자의 폐렴 발병률은 일반 성인에 비해 7.7~9.8배 높았다.

무섭다. 더 큰 문제는 초미세먼지다. 인체에 조용히 들어와 심각한 상처를 주고 있다. 호흡기, 심혈관계, 눈, 피부 등 가릴 것 없이 침투하고 있다. 가장 심각한 것이 폐질환이다. 초미세먼지는 머리카락의 30분의 1정도로 눈에 보이지 않을 만큼 작다. 그래서 초미세먼지는 폐에서 걸러지지 않는다. 모세혈관보다 작기 때문에 혈관을 통해 몸 구석구석 이동할 수 있다. 권순일기자(코네디닷컴, 2019. 04. 13)가 쓴 '미국심장협회'의 연구 결과를 살펴보자.

미국심장협회에 따르면, 미세먼지에 단기간 노출로 인한 심혈관 질환 사망률이 69%나 상승한 반면, 호흡기 질환 사망률은 28%로, 미세먼지가 폐와 호흡기보다 심혈관계에 더 큰 영향을 끼치고 있는 것으로 드러났다. 입자 크기가 작은 초미세먼지는 폐에서 걸러지지 않고 혈관에 침투해 혈전을 만들거나 염증 반응을 일으켜 심장과 중추신경계 등에 직접적인 영향을 줄 수 있다. 성인 32명에 초미세먼지를 2시간 노출하였을 때 그렇지 않은 군에 비해 혈압과 심장

박동 수가 증가했다는 연구 결과가 있다.

집집마다 공기청정기는 생활필수품이 되었다. 어린 아이를 둔 학부모들도 어린이집이나 유치원에서 공기청정기를 잘 가동시키고 있는지 세심하게 체크한다. 몇 천만 원씩 하는 고가의 가정용 공기청정기도 등장했다. 외출할 때 마스크는 필수가 되었다. 일반 마스크로는 소용없다. 미세먼지를 얼마나 잘 차단시키는지가 중요하다. 가정에서는 공기청정기로, 외출할 때는 마스크로 최대한 미세먼지를 차단하려고 애쓴다. 과연 얼마나 우리 몸을 보호할 수 있을까. 의료과학의 발전을 보면 대단하다. 그런데 어이없게도 만성질환자는 증가하고 있다. 점점 더 늘어가는 환자들이 환경의 심각성을 증명해주고 있다.

우리는 미세먼지로부터 자신의 몸을 보호하기 위해 노력한다. 미세먼지에 좋은 식물, 과일, 약초, 차, 나무, 음식, 영양제 등 해결방안을 찾고 있다. 어느 정도 도움은 될 것이다. 그렇다고 미세먼지로부터 완전히 자유로울 수 있을까. 미세먼지에 좋은 음식을 먹는다고 해서 쉽게 밖으로 배출되지 않는다. 초미세먼지는 우리 몸에서 가장 작은 혈관인 모세혈관에 차곡차곡 쌓인다. 그리고 순환장애를 일으킨다. 초미세먼지가 우리 몸의 어디에 쌓이는지에 따라 다양한 질병으로 나타난다.

모세혈관은 소동맥과 소정맥을 연결하는 그물 모양의 아주 가느다란 혈관이다. 적혈구가 겨우 통과할 정도로 가늘기 때문에 초미세먼지는 말초모세혈관에 쌓여 혈액과 뒤엉켜 어혈이 될 확률이 크다. 어혈은 혈액의 흐름을 방해한다. 현기증, 두통, 열감 등은 순환장애가 발생되었다는 세포들의 신호다. 절대로 무시하면 안 된다. 우리 몸을 구성하고 있는 세포들에게 필요한 것은 단 두 가지 조건이면 충분하다. 깨끗한 혈액과 혈액이 막힘없이 온 몸을 순환하도록 하는 것. 어혈이 순환을 방하는 것을 아는 분들은 어혈을 제거하기 위해 다양한 노력을 할 것이다. 과연 어떤 방법이 어혈을 제거하는데 효과적일까. 각자의 방식대로 건강을 관리하겠지만 내가 선택한 것은 심천사혈이다. 사혈을 통해 모세혈관에 걸려 있는 어혈을 제거하고 있다. 효과도 탁월해서 우리 가족은 심천사혈인이 될 수밖에 없었다.

치매 인구,
국가가 망할 수도 있다

인간의 수명이 어디까지 일지 궁금하다. 지금 태어나는 아이들의 수명은 120세까지 되는 것은 아닐지. 장수시대가 마냥 좋을 순 없다. '장수는 축복이 아니라 리스크다'라고 단언하는 사람도 많다. 100세까지 살아있은들 10년, 20년, 30년을 침대에 누워만 있다면 어떨까. 생각만 해도 아찔하지만 끔찍한 상황들은 주변에서 쉽게 찾을 수 있다. 이건 재앙이다. 거동이 불편하여 자식에게 짐이 되고 싶지 않은 게 모두의 마음일 것이다.

긴 병에 효자 없다고 했다. 십여 년 전까지만 해도 부모님을 시설에 맡기면 불효자인 것처럼 보았다. 하지만 지금은 익숙한 모습이다. 자식은 물론이고 본인조차도 요양원이나 요양병원에 가는 게 당연시 되었다. 경제적으로 정신적으로 힘든 싸움이다. 부모님이 건강하시다면 참으로 감사한 일이다. 노년층에서 가장 두려운 것은 치매와 중풍이다. 요즘 같아선 노년층만의 문제가 아니다. 30대에 중풍으로 쓰러지고, 40대에 치매가 걸리는 경우도 있다. 젊다고 방심할 수 없다.

중풍으로 한번 쓰러지면 바깥 활동은 더 이상 할 수 없다. 본인도 고통이고, 가족도 고통이다. 그런데 치매는 좀 더 심각하다. '퇴직한지 2~3년 만에 치매로 벽에 똥을 칠한다는 어떤 교수님'의 소식을 들었다. 직접으로 그 교수님을 알지는 못하지만 또 다른 교수님을 통해 전해 들었다. 결코 남의 일 같지 않다. 치매는 노인들이 가장 두려워하는 질환이다. 호환마마보다도 더 무섭고 두려운 질병이 되었다. 20~30년 전까지만 해도 낯설었던 '치매'라는 용어는 너무도 친숙해졌다. 치매는 개인의 질병이 아닌 이미 하나의 추세가 되어버린 것이다.

어디선가 본 정보에 의하면 전 세계적으로 3초에 한 명씩 치매인구가 늘어나고 있다고 했다. 믿고 싶지 않은 수치다. 치매에 걸린 부모와의 만남은 현실적으로 엄청난 갈등과 불안을 겪는 일이다. 문제는 치매 인구의 증가 속도와 사회적 비용의 증가다. 국립중앙치매센터의 통계자료(2019.5.16)에 의하면 치매 환자 수 750,488명, 치매관리비용은 2018년 약 15조 6,909억 원, 2020년 약 17조 8,846억 원, 2030년 약 32조 2,871억 원, 2040년 약 56조 7,593억 원, 2050년 약 87조 1,835억원, 2060년 약 105조 7,374억 원까지 증가할 전망이다. 이러한 수치는 10년마다 평균 1.67배 증가하는 것이다. 치매환자 1인당 연간 관리비용은 약 2천100만원(2018

년 기준)이다.

　전 세계적으로 비상사태다. '치매 쓰나미'라는 말
이 나올 정도다. 초고령 사회에 접어든 나라는 치매
인구 또한 눈덩이처럼 불어나고 있다. 영국 전 총리
인 데이비드 캐머린은 "우리나라를 파멸로 이끄는
것은 치매가 될 것"이라고 했다. 그의 말에서 절박함
이 묻어난다. 국가 재정이 뿌리째 흔들리고 있는 것
이다.

　아직도 사혈을 폄하하는 사람들이 많다. 정맥사혈
과 모세혈관의 사혈을 같은 부류로 생각하기도 한다.
어떤 치유행위가 오랫동안 지속되었다면 그럴만한
이유가 있다. 효과가 없다면 절대로 이어져 내려오지
않았을 것이다. 의학의 아버지인 히포크라테스나 체
액설을 주장한 갈레노스가 적용한 사혈은 정맥사혈
이다. 그래서 피를 너무 많이 빼내 사망하는 경우도
많았다. 정맥사혈은 19세기까지 맥이 이어져 내려왔
다.

나는 예방사혈로 두통혈이라는 곳을 사혈했었다. 해당 부위의 머리카락을 잘라야 하는 번거로움은 있었지만 해본 사람만이 아는 아주 예민함이 있다. 두통사혈을 하고 나서 3~4개월 정도 지나니 기억력이 좋아졌다. 강의를 할 때마다 삼천포로 빠지는 경우가 부지기수였는데 빈도수가 확연히 줄어들었다. 기억을 붙잡기 위해서 사용했던 포스트잇도 점차 사용하지 않게 되었다. 심천사혈요법은 어혈을 제거한 만큼 영양분, 염분, 철분을 보충해줘야 한다. 문제는 제거한 어혈만큼 채워주지 않는 사람들이다. 사혈하는 스킬만 배우려는 사람들이 의외로 많다. 위험한 일이다. 사혈은 생명을 다루는 일이다. 가족의 건강을 책임져야하는 만큼 잘 배워야 한다.

50년 이상 쌓여있던 머릿속의 어혈을 한꺼번에 제거할 수는 없지만 치매를 예방할 수 있는 방법을 알고 있는 것만으로도 나는 든든하다.

사실 치매에 대한 두려움은 나의 어머니가 더 크셨다. 그래서 치매예방을 위해 두통사혈을 몇 차례 하셨다. 첫 번째 두통사혈은 60대 초반에 하셨다. 20여 년 전의 일이지만 지금도 기억이 생생하다. 해당 혈자리를 사혈침으로 찌르고 부항컵에 압을 거는 순간, 지독한 연탄가스 같은 냄새 때문에 놀랐었다. 집안의 모든 창문을 열어 환기시키지 않으면 안 될 만큼 악취가 심했다. 아마도 어혈이 부패하고 있었던 것은 아니었을까 싶다. 노인분들에게서 나는 특유의 냄새가 이해되었다. 몇 십년동안 몸 안에 있는 어혈이 부패하고 있는 증거라는 생각이 들었다. 현재 82세인 어머니는 연세에 비해 총기가 좋으신 편이다. 또한 노인 냄새도 안 난다.

몇 차례의 두통사혈을 하셨다고 해서 치매의 두려움에서 완전히 벗어난 것은 아니다. 지인들의 치매소식을 접할 때마다 심난해 하신다. 연세가 너무 많으시다보니 또다시 두통사혈을 하기에는 조심스럽다. 하지만 혹여 치매의 예후가 보인다면 나는 과감하게 사혈을 해드릴 것이다.

두통사혈은 기본사혈과 다르게 스킬이 필요하다. 적어도 6개월 이상은 교육받아야만 할 수 있는 혈자리다. 얼렁뚱땅 교육을 받아서도 안 된다. 심천사혈을 배운 사람들은 대부분 두통혈을 사혈하고 싶은 로망을 가지고 있다. 맨 처음 두통사혈을 할 때의 기분이 떠오른다. 하고 싶은 마음과 머리카락을 잘라야 한다는 심난함, 두려움, 그리고 기대감. 사혈을 마치고 두세 달 정도 지나면서부터 나타나는 좋아지는 기억력. 그 기분을 글로 표현하는 데는 한계점이 있어 안타깝다.

두통사혈의 혈자리 위치는 정수리부분이다. 사혈을 잘 모르는 분들은 많이 낯설어하고 위험하게 생각한다. 그래서 일까. 두통사혈을 할 때의 에피소드가 의외로 많다. 가발을 준비하는 분들이 있는가 하면, 다양한 모자를 준비하는 분들도 있다. 남성은 여성을 부러워하고, 여성은 남성을 부러워한다. 냉정한 입장에서 볼 때, 사혈기간에는 여성에게 유리하고 사혈이 끝난 다음에는 남성에게 유리하다. 두통사혈을 할 때, 부항컵을 놓을 수 있는 부분보다 약간 넓게 머리를 자른다. 남성분들은 모자를 쓰지 않는 이상 온전히 노출될 수밖에 없다. 하지만 여성들은 옆 머리카락을 이용해서 머리핀으로 야무지게 고정하면 아무도 모른다. 굳이 가발을 준비하지 않아도 된다. 남성분들의 경우, 여성보다 머리길이가 짧기 때문에 한 달 정도만 기다리면 머리카락 길이가 일정하게 된다. 두통사혈 중에 미용실에 가면 대부분 궁금해 한다.

"어디 아프세요?"

"치매 예방하느라 사혈 좀 했어요"

"치매 예방요?"

"네."

"무엇으로 하길래 머리를 자르셨어요?"

"사혈로요."

"위험하지 않나요?"

"네, 전혀 위험하지 않아요."

많은 질문에 귀찮을 때도 있다. 그래서 어떤 때는

한의원에서 치료받았다고 말한다. 어떤 분들은 한의원 연락처를 알려달라고 한다. 난감하다.

건강하게 오래 사는 것은 축복이다. 나를 위해서, 가족을 위해서, 그리고 국가를 위해서 치매로부터 자유로워야 한다. 생(生)을 마무리하는 그 순간까지 사랑하는 가족과 함께할 수 있고, 온전하게 내 정신으로 살아야 한다. 고령화 시대에 잘 죽기 위한 '웰다잉'은 모두의 간절함이다. 원치 않는 모습으로 생을 마감하고 싶지는 않기 때문이다.

대신 아파줄 수 없다면
배워라

어린 자식이 아파하는 것을 지켜보는 부모의 심정은 어떨까. 바라보기만 해도 가슴이 아리고, 누구보다 힘든 아이 앞에서 힘들다는 말을 꺼낼 수도 없을 것이다. 희귀난치병도 많다. '세상에 이런 병도 있었나?' 싶을 만큼. 도대체 원인이 뭘까. 이유가 뭐 길래 태어날 때부터 희귀병의 고통을 겪고 있을까.

나에게는 25년 이상을 유지해온 모임이 있다. 1년

에 한 번씩 온 가족이 1박 2일 동안 함께 한다. 우리는 웬만한 서로의 상황들을 잘 알고 있다. 연애부터 결혼, 출산, 아이들이 성장하는 과정까지 모두 지켜봤기 때문이다. 오랜 시가을 함께 해서 그런지 좋은 일이 있으면 내 일처럼 좋고, 안 좋은 일이 있으면 내 일처럼 아프다. 어느 해 여름, 한 동생이 풀이 죽은 목소리로 나에게 말한다.

"저희 둘째 아이, 비장을 떼어내기로 결정했어요."
"수아는 아직 5학년이잖아. 그런데 비장을 떼어낸다고!"
"병원에서 담당의사가 떼어내는 것이 낫겠다고 하네요."

나는 그 말을 듣는 순간, 충격과 울화가 머리꼭지까지 치받쳐 올랐다. 나답지 않게 흥분했다. 워낙 어처구니가 없는 소리를 듣고 보니 기가 막혔다. 솔직히 이해할 수가 없었다. 12살밖에 안된 어린 아이다. 그런 아이의 비장을 어떻게 떼어내자는 소리를 한단 말인가. 상식적으로 용납할 수 없는 일이었다.

"아직 결정하지 말고 조금만 시간을 가져보는 것이
어떨까?"

"수아가 어려서 웬만하면 사혈을 권하지 않을 텐
데, 상황이 다급하니 사혈로 해봤으면 하는데 두 사
람 생각은 어때?"

지금은 없어졌지만 그 당시에 심천사혈을 하는 한
의원이 있었기 때문에 연락처를 주고 상담을 받도록
했다. 다행히 한의원이 수아네 집 근처였다. 수아는
기특하게도 혼자서 자전거를 타고 한의원을 오고갔
다. 사혈을 받을 때 통증이 심했을 텐데도 잘 참아
냈다. 수아의 부모는 지나치다 싶을 만큼 두 딸을
강하게 키웠다. 다른 아이들 같으면 절대로 못했을
것이다. 수아는 8개월 동안 한의원을 오가며 치료를
받았다. 치료는 한의원에서 받았지만 비장의 상태를
체크하기 위해 한 달에 한 번씩 대학병원을 다녔다.
처방해주는 약은 받아왔지만 약을 먹지 않았다고 했

다.

내가 특별히 도와주는 것은 없었지만 신경이 온통 수아에게 쏠렸다. 사혈을 시작한지 한두 달 정도 지나서 피오줌이 멈췄다는 소식을 들었다. 소변을 볼 때마다 피가 섞여 나왔을 때 수아는 얼마나 두렵고 스트레스를 받았겠는가. 한의원 원장님도 '무슨 이런 아이가 있냐!'고 하면서 기특해 하셨다. 결론부터 말하면 수아는 현재 정상이고 지금은 대학생이 되었다. 지금도 이 아이만 생각하면 기분이 좋다. 그리고 사혈의 효과에 감탄한다.

사혈이 만병통치는 아니다. 골절상을 입었으면 정형외과에 가야한다. 다른 조직을 짓누를 만큼의 암덩어리가 크다면 수술로 제거해야 한다. 사혈은 순환기질환에 초점을 두고 있다. 암 덩어리가 생기기 전에 예방하자는 것이다. 사혈은 치료가 아니다. 우리 몸에 있는 세포들의 환경을 좋게 도와주는 것이다. 혈액의 산성도가 높으면 해독해주고, 혈액이 잘 공급되도록 모세혈관에 걸려 있는 어혈들을 제거하는 것일 뿐이다. 그 다음은 세포가 알아서 할 일이다. 환경만 좋으면 세포분열도 정상적으로 한다. 혈액이 세포에 도달하면 필요한 영양분은 챙기고 배설물은 내보낸다. 이처럼 우리 몸의 세포들이 본래의 기능을 할 수 있도록 도움만 줄 뿐이다.

사혈로 해결하기 어려운 증세도 있다. 대표적으로 당뇨병이 그렇다. 인체 구조상 췌장은 어혈을 제거하는데 어려움이 있다. 혈관을 막고 있는 어혈을 제거해서 혈액순환이 잘 되도록 핏 길을 열어줘야 한다. 췌장은 간 아래, 위장의 뒤쪽에 위치해 있다. 췌장주위를 막고 있는 어혈을 제거해야 하는데 다른 장기로 둘러쌓여 있어서 복불복이다. 운 좋게 제거될 수도 제거되지 않을 수도 있다. 그래서 당뇨병만큼은 낫는다고 장담할 수 없다.

심천사혈요법은 철저히 교육을 권장한다. 배워서 자신의 몸뿐만 아니라 가족의 몸을 돌볼 수 있도록 교육시킨다. 그리고 특별한 질병이 생기기 전에 예방

사혈로 미리미리 건강을 챙기기를 추천한다. 기본과정 3개월, 초급과정 3개월, 중급과정 6개월, 고급과정 6개월 모두 1년 반이 소요된다. 전국 각지에 배움원이 있기 때문에 가까운 곳을 찾아서 배우면 된다. 나의 경험으로 보았을 때 기본과정을 배우면 위장질환과 고혈압정도는 해결할 수 있었다. 공부를 하면 할수록 얻어지는 것은 당연히 크다. 한번 배워놓으면 평생 동안 자신과 가족의 주치의가 되는 셈이다.

심천사혈요법은 우리나라에서는 견제를, 중국에서는 대우를 받고 있다. 많은 중국 사람들이 심천사혈을 배우기 위해 우리나라로 오고 있다. 오고 싶어도 오지 못하는 사람들도 많다. 중국은 건강분야에서 만큼은 열린 사고력을 가지고 있다. 질병을 고치는 능력이 탁월하면 인정해준다. 중국에서는 의사들도 심천사혈을 배우고 있으니 우리나라 현실과 비교된다. 짝퉁 심천사혈이 나올 만큼 심천사혈의 붐이 일고 있다. 그것도 상위 1%의 사람들이 접근하고 있다.

그런데 정작 우리나라는 심천사혈요법에 대해 모르는 사람들이 너무 많다. 이러한 현실이 안타깝다. 심천사혈의 존재를 모르고 자식의 생명을 놓치지 않기 위해 전전긍긍하는 사람들이 애처롭다. 우연한 기회에 이 책을 접한다면 무조건 밀어내지만 말고 관심을 가져보시길 바란다. 심천사혈의 매력에 빠져 1년 반이라는 교육을 이수한 분이 계신다면 나에게 커피 한잔 정도는 마음으로 꼭 사셔야 할 것이다.

응급상황 시,
대처할 능력이 생긴다면?

무색해진 유언

새벽 2시.

화장실에서 나오는데 어머니 방에서 불빛이 새어
나왔다. 문을 열어보니 어머니는 온통 식은땀으로 범
벅이 된 채 바닥에 쓰러져 계셨다. 순간 상황이 좋
지 않음을 직감했다. 머릿속이 어수선해졌다.

"어머니, 어디가 안 좋으세요?"

"그냥 정신없이 뱅글뱅글 돌아."

"다른 곳은요? 언제부터 그러셨어요?"

"몰라, 모르겠어... 어지러워... 너무 어지러워."

그 당시에는 119는 생각도 못했다. 사실 떠오르지도 않았다. 뭐라도 해야 한다는 생각뿐이었다. 부랴부랴 부항기를 가져왔다. 가장 먼저 손끝 발끝을 사혈침으로 찔렀다. 그리고 피를 짜냈다. 사혈을 배운 이후로 응급상황이 발생했을 경우를 가정하고 짬짬이 머릿속으로 시뮬레이션을 했었다. 시뮬레이션의 대상은 언제나 어머니였다. 혹시라도 뇌졸중 혹은 심장질환으로 응급상황이 발생되면 어찌어찌해야겠다는 시뮬레이션. 적용할 혈자리를 생각한 후, 정신없이 가위로 어머니의 옷도, 머리도 잘라버렸다. 차분히 옷을 벗길 수 있는 상황이 아니었다. 시간이 지날수록 오히려 나는 차분하게 어머니를 사혈해 드리고 있었다. 하지만 어머니는 생(生)의 끈을 천천히 놓고 계셨다.

"얘야, 너무 애쓰지 마라. 이미 늦은 것 같다."

"어머니, 그런 소리 하지 마세요!"

"내가 가거들랑 너네 아빠도 나랑 같이 화장해라."

"말씀 많이 하지 마세요. 기운 빠져요."

사혈을 그만 하라고 하셨다. 그리고 이런저런 유언을 남기셨다. 맥도 잡을 줄 모르면서 수시로 맥을 짚어보았다. 사혈을 어떻게 했는지도 모른다. 그런데 어머니가 조용해지셨다. 순간 겁이 났다. 조심스럽게 어머니의 코에 손을 대보았다. 콧바람이 따뜻했다. 주무시고 계셨다. 시계를 보니 새벽 4시. 급한 불은 껐지만 혹시 몰라 실례인줄 알면서 지인에게 전화를 걸었다. 감사하게도 내외분이 바로 와주셨다. 나에게 사혈을 가르쳐주셨던 원장님이시다. 그 분들을 보자 긴장이 확 풀리면서 잠이 쏟아졌다. 염치불구하고 엄마 옆에 누웠다.

눈을 떠보니 밖이 환해졌다. 어머니도 이미 깨어 계셨다. 폭풍후의 고요함이랄까. 어머니도 나도 평온 그 자체였다. 원장님 내외분은 다른 일정 때문에 급하게 돌아가셨다. 너무 죄송하고 감사했다. 동생들에게 밤새 있었던 일들을 전화로 전달했다. 동생들은 한 달음에 달려왔다. 어머니의 머리모양이 눈에 들어왔다. 가위로 정신없이 잘랐기 때문에 내가 봐도 어이없는 모양새였다. 어머니는 지난밤의 일들이 멋쩍으셨던지 자신의 민망함을 투덜거림으로 대신하셨다. "너는 어쩜 내 머리를 이 꼴로 만드냐!" 그리고 잘려져 나간 속옷도 아까워 하셨다. 어머니의 반응에 어이는 없었지만 감사한 마음뿐이었다. 어머니덕분에 모처럼 온 가족이 모두 모였다. 전날 밤에 어머니가 남겼던 유언들이 무색해지는 순간이었지만 행복했다. 내가 어머니를 살려내다니! 더군다나 이 곰 손으로.

박사과정 중, 심천사혈요법 홈페이지에 올라온 공지사항 하나가 눈에 확 들어왔다. 그것은 다름 아닌 1년 코스로 진행되는 교수진과정을 모집한다는 내용이었다. 나는 한 치의 망설임도 없이 과감하게 휴학을 하고 과정에 들어갔다. 지금 생각해봐도 내 인생에서 가장 행복하고 소중한 시간이었다. 지쳐있던 나에게 최고의 선물이었고 나만을 위해서 온전히 휴식을 가졌던 시간이기도 했다. 그 과정을 놓쳤더라면 아마도 나는 박사과정을 미치지도, 어머니를 구하지도 못했을 것이다.

사혈을 시작한지도 어느덧 20여년이 가까워진다. 가족들에게 크고 작은 일들도 있었지만 가족의 건강만큼은 어느 정도 지킬 수 있었다. 적어도 가족 중 건강에 이상이 생길 것 같으면 어떻게 해야 하는지 판단력이 생겼다. 이는 나에게 너무도 든든한 힘이고 위안이 되는 일이다.

"언니, 요즘 신경을 많이 썼더니 편두통이 올 것 같네…"

"큰 딸, 요즘 소변이 시원하게 안 나오네…"

"이모, 저 체한 것 같아요…"

"형님, 요즘 변비가 생겨서 화장실에 가기가 힘들어요..."

"딸, 고혈압 수치가 좀 높게 나오네..."

"누나, 골프를 치다 허리를 삐끗했는데 은근히 신경 쓰이네..."

"언니, 위경련이 한 번씩 오네..."

우리가족은 사혈마니아들이다. 사혈로 어느 정도 응급처치를 할 수 있을 만큼의 지식들은 거의 가지고 있다. 그래서 요즘은 편하다. 아무 때나 나를 호출하지 않기 때문이다. 적어도 병원에 가야할지, 한의원에 가야할지, 사혈로 해결 가능한지 정도는 분별할 수 있게 되었다.

감각이 없어진 다리

고3 여름, 담임선생님께서 나를 찾으셨다. 빨리 집으로 가보라는 것이었다. 큰일이 생겼음을 직감했다. 부랴부랴 가방을 챙겨 집으로 갔다. 병원에 입원해 계셨던 아버지는 이미 돌아가셨고 어른들은 분주하게 장례준비를 하고 있었다. 지금이야 장례식장이 있지만 그 당시만 해도 집에서 장례를 치렀기 때문이다.

　아버지가 돌아가신지 30년이 넘었지만 지금도 생각하면 가슴이 먹먹해진다. 심장이 좋지 않으셨던 아버지는 돌아가시기 3일전에 왼쪽 발목을 절단하는 수술을 받으셨다. 평소에도 다리에 감각이 없다고 하시면 졸린 눈을 비벼가며 가족들은 돌아가면서 아버지의 다리를 주물러드렸다. 임종 직전까지 한두 달 정도 병원에 계셨지만 자주 뵙지 못했다. 그래서인지 나는 아직도 두 다리가 정상인 모습의 아버지로 기억하고 있다. 문득 어디선가 인품 좋은 아버지의 목소리가 아련하게 들려오는 듯하다.

　어느 날, 어머니와 함께 외출을 하는데 다리를 절

뚝거리며 걸으셨다. 이유를 여쭤보니 며칠 전부터 오른쪽 종아리의 감각이 없다고 하셨다. 어머니의 다리를 살펴보니, 감각이 없다고 말씀하신 다리 쪽에만 정맥류가 심하게 '툭!' 불거져 있었다. 나는 바로 사혈을 해드렸다. 다음날 아침, 어머니의 다리는 감각이 돌아왔고 걷기가 편해졌다고 하셨다.

어머니와 나는 누가 먼저랄 것도 없이 돌아가신 아버지를 떠올렸다. 이렇게 쉽게 해결할 일을 아버지에게는 해드리지 못했다는 아쉬움이 남았다. "너네 아버지, 요즘 같으면 그렇게 허망하게 가시지 않으셨을 거다." 어머니의 말씀이지만 내 생각이기도 했다. 아버지의 죽음과 함께 우리 가족의 운명은 벼랑 끝으로 내몰렸다. 나는 대학을 포기해야했고 동생은 상업계 고등학교에 진학해야만 했다. 한 가정의 가장이라는 존재가 얼마나 큰 것인지 현실 앞에서 뼈저리게 느꼈다.

가족 중의 누구 하나라도 아프게 되면 우울바이러

스가 금세 퍼진다. 나머지 가족의 일상은 비상모드로 바뀐다. 돈은 돈대로, 시간은 시간대로, 생활은 생활대로 엉망이 된다. 의사 선생님에게 가족을 온전히 내맡겨야 할 때는 의사 선생님의 말씀 한마디 한마디에 신경이 곤두선다. 아무것도 하지 못한 채 온전히 가족의 아픔을 지켜봐야 한다.

지금의 나는 순환기 질환만큼은 무조건 병원에 의존하지 않는다. 내가 심천사혈요법을 배우게 된 것은 가족, 특히 어머니만큼은 절대로 아버지처럼 보내고 싶지 않아서였다. 지금도 안타까운 사연을 가진 환자들이 많아 보인다. 환자도 환자지만 고통을 함께 하고 있는 가족들의 모습이 눈앞에 그려진다. 남의 일 같지가 않다. 하지만 어쩌겠는가. 내가 해줄 수도, 해줘서도 안 되니 말이다.

SIMCHEON BLOOD CUPPING MANIA

3장

깐깐한 나는
왜 심천사혈 마니아가
되었을까?

선생님, 저 숨쉬기가 힘들어요!-위경련
식사 때는 언제나 깨작깨작-신경성위염
엄마가 화장실에서 안 나오세요-혼절
오늘 도대체 팬티만 몇 번째야!-요실금
겉모습은 우아, 발가락은 으~윽-습진
지금 당장 사망할 수 있습니다-협심증
머릿속의 지진, 그리고 통증의 고통-편두통
난, 재채기와 콧물로 하루를 시작한다-비염

선생님, 저 숨쉬기가
힘들어요!
: 위경련

한가로운 어느 주말 아침, 전화벨이 울렸다. 여동생이었다. 무슨 일이 있었는지 목소리에 힘이 없게 느껴졌다.

"언니, 나 어제 죽는 줄 알았어."
"왜? 설마 또 위경련?"
"응"
"그래서 어떻게 했어?"

"어떻게 하긴, 약국이 보이 길래 죽을힘을 다해서 약국까지 갔지."

외출했다가 당한 모양이다. 약국까지는 갔는데 통증이 너무 심해서 한참동안 말을 잇지 못하고 있다가 겨우 '선생님, 저 숨 쉬기가 힘들어요."라고 말했다고 했다.

여동생은 아랫배를 다섯 번이나 꿰맸다. 그것도 똑같은 자리를. 제왕절개로 세 아이를 얻었고, 첫 아이를 임신했을 때는 물혹이 아이보다 더 커서 마취 없이 혹을 제거했다. 그리고 막내를 낳고 수술한 자리가 터져서 한 번 더 꿰맸다. 그래서일까. 배꼽 밑의 수술한 자리는 두툼했고 항상 가려워했다.

동생은 엄마가 되면서부터 평범한 여자에서 슈퍼우먼으로 점점 더 변해갔다. 아이들을 얻은 대신 몸은 만신창이가 되어버렸다. 이런 몸을 가지고 자신의 일을 하다 보니 항상 얼굴이 푸석푸석했다. 게다가 심심찮게 찾아오는 위경련 때문에 진땀 빼는 일이 가끔씩 발생했다.

나는 위경련의 고통을 모른다. 통증이 너무 심해서 금방 죽을 것처럼 힘들다는 정도만 안다. 통증도 갑자기 발생하기 때문에 난감한 경우가 많다고 했다. 통증이 어찌나 심한지 위경련이 발생되면 금방 죽을 것 같은 생각만 든다고 했다. 동생의 말이다.

이제 동생은 위경련으로 고생하지 않는다.

"무엇으로 해결했냐구요?"
"물론 사혈입니다."
"약은 전혀 먹지 않구요?"
"네, 양약은 전혀 먹지 않았습니다. 병원에도 가지 않았구요."

위경련은 물론 위 관련 질환은 사혈로 쉽게 해결된다. 우리 가족의 경험으로 보았을 때 그렇다. 혈자리는 2번혈인 위장혈이다. 사혈의 횟수가 궁금할 것이다. 하지만 사혈의 횟수는 중요하지 않다.

'어혈이 얼마나 많이 나왔는가?'

이것이 중요하다. 사혈의 횟수보다는 몸에서 나온 어혈의 양이. 처음에는 2번혈 자리에서 어혈이 잘 나오지 않지만 의지만 있다면 혼자서도, 초등생도 할 수 있는 자리가 바로 위장혈이다. 워낙 어혈이 잘 안 나오기 때문에 1주일에 두 번씩 사혈해도 된다. 처음에는 피부족에 대한 위험도 거의 없다. 그 정도로 잘 나오지 않는다. 위장혈은 특별히 아픈 곳이 없다 할지라도 건강을 미리 챙긴다는 마음으로 가족이 서로서로 해주면 좋다. 잃는 것이 5%의 시간과 번거로움이라면 얻는 것은 95%의 건강일 것이다.

동생은 워낙 바쁘다. 동생에게 있어서 자기 자신은 언제나 마지막 순위다. 언니의 입장에서 봤을 때 그렇다. 쓰러지기 직전까지 자신의 건강에 신경 쓸 여력이 없어 보인다. 워킹 맘이라면 모두 공감할 것이다. 늘 위태롭게 보였다. 그런 사람이 얼마나 사혈에 집중할 수 있었겠는가. 그럼에도 불구하고 위경련에서 벗어났다.

동생내외는 주말마다 위장혈을 사혈하려고 노력했지만 빼먹는 경우도 있었다. 두세 달 정도 지났을까. 사혈한 횟수는 10회차 이내. 사혈을 한 후로는 위경련이 거의 일어나지 않는다고 했다. 지금은 추억 속으로 사라진 '위경련'이 되었다.

■ ▩ ▨

<u>위경련, 나는 이렇게 했다</u>

* 적용한 혈자리: 2번혈 위장혈
* 사혈횟수: 두 달 정도(1주일에 한번씩 8차례)
* 나의 생각: 위경련이 더 이상 발생하지 않아도 위장혈은 적어도 1주일에 한 번씩 사혈하는 습관을 가

지면 좋다. 어혈이 적게 나온다면 1주일에 두 번씩 해도 괜찮다. 1주일에 두 번 할 경우에는 사침한 자리가 아무는 시간은 줘야한다. 만약 월요일에 사혈했다면 목요일에 하는 것이 적절하다. 위장혈에서 어혈이 나와 주면 피부 톤도 맑아진다. ※ 혈자리는 부록편을 참고

식사 때는 언제나 깨작깨작
: 신경성위염

'복스럽게 먹는다.'

'복이 달아나게 먹는다.'

어른들은 밥 먹는 모습으로 사람을 평가하는 경향
이 많다. 우리네 어머니들은 이것저것 가리지 않고
밥 한 그릇 뚝딱 비우면 좋아 하신다. 특히 사윗감
이 왔을 때 그러하다. 아이들이 밥상 앞에 앉아서
밥알을 세고 있는 것을 보면 '꽤나 밥맛이 없나 보

다'하고 걱정한다. 하지만 다른 사람들이 밥알을 세고 있으면 까탈스럽게 본다. 복스럽게 먹는 사람과 같이 식사를 하다보면 덩달아 밥맛이 좋아지는 것은 사실이다.

식성이 좋았던 나였다. 무슨 음식이든지 가리지 않고 잘 먹었다. 하지만 어느 때부터인가 젓가락으로 깨작거리기 시작했다. 한 숟가락만 더 먹어도 위에 부담이 갔다. 그러다 보니 중간에 젓가락을 놓는 일이 빈번해졌다. 위장에 문제가 생긴 것 같아 병원에 가보니 내시경 상으로는 정상으로 나왔다. 그런데 병명은 신경성위염. 스트레스를 받으면 나타날 수 있는 정신과 밀접한 관련이 있는 질환이라고 했다.

식사 때마다 불편했다. 어른들과 식사할 때는 가능한 맛있게 먹으려고 하다 보니, 식사 후에는 여지없이 더부룩함을 견뎌야했다. 속이 보대껴서 식사를 잘 못했기 때문에 식사약속이 가장 불편했다. 이랬던 내가 변하기 시작했다. '밥맛이 꿀맛'이라는 말이 실감

났다. 어찌나 밥이 맛있던지 뚝배기에 담긴 국에 밥을 말아 먹고 있는 나의 모습에 주변 사람들도 신기해했다. 나도 놀랐는데 오죽 했을까 싶다.

심천사혈에서는 '위장혈'을 '밥도둑혈'이라고도 한다. 그 정도로 어혈만 나와 주면 효과가 빨리 나타나는 혈이다. 밥맛이 좋다보니 체중이 불어날까봐 내심 걱정되었다. 하지만 우려했던 것과는 달리 식탐이 계속되지는 않았다. 어느 정도 시간이 지나고 나니 정량 이상 먹지 않게 되었다.

위장혈을 사혈하는 과정에서 피부톤이 맑아졌다는 소리를 듣기 시작했다. 오랜만에 보는 지인들은 나에게 피부 관리를 받느냐고 물었다. 얼굴에 직접 사혈한 것은 아니었지만 간접적인 영향을 받았던 모양이다. 위장혈의 도움으로 나는 신경성위염이라는 존재가 있었는지조차 잊을 정도로 완전히 사라졌다.

■ ▪ ▪

신경성위염, 나는 이렇게 했다

* 적용한 혈자리: 2번혈인 위장혈
* 사혈횟수: 한 달 정도(일주일에 한번씩 4차례)
* 나의 생각: 위장혈은 어혈이 잘 안 나오는 자리다. 그럼에도 불구하고 신경성위염이 해결되었던 이유는 질환을 앓은 지 1년이 채 안되었기 때문에 가능했다고 생각한다. 이 시기는 대학원생활을 하는 시기로 스트레스를 많이 받았고, 하루 종일 의자에 앉아 있는 시간이 길었던 때였다. ※ 혈자리는 부록편을 참고

엄마가 화장실에서 안 나오세요
: 혼절

1 갑작스런 발진으로 응급실행 해프닝-약 부작용

아이들이나 어르신들은 언제나 조심스럽다. 아무도 예상치 못했던 돌발 상황은 둘 다 비슷해 보인다. 아이들은 에너지가 넘쳐서, 어르신들은 에너지의 감소로 몸을 다치는 경우가 생긴다. 어느 날 어머니는 여늬 때처럼 저녁식사를 마치고 거실에서 TV를 보고 계셨다. 양치질을 하기 위해 잠시 자리를 비운 사이 어머니는 발을 동동거리며 온 몸을 정신없이 긁고 계셨다. 아이들이라면 장난이라고 생각했을 정도였다. 내가 자리를 비운 시간은 5분도 채 되지 않았다. 그 짧은 시간에 어머니의 봄에 발진이 생긴 것이다. 머리끝부터 발끝까지 가렵지 않은 곳이 없다고 하셨다. 시간이 지날수록 가려움증이 더 심해졌다. 또다시 그때의 상황을 되새겨 봐도 어이없다. 어머니는 웬만한 통증이나 몸의 변화에 크게 반응을 하지 않는 편이시라 그 당시 나는 꽤 당황했었다.

너무도 순식간에 생긴 일이라 나도 어찌해야할지 우왕좌왕 갈피를 잡지 못했다. 어머니와 나는 저녁식사 때까지 같이 있었고, 그 어떤 전조 증상도 없었기 때문이다. 저녁식사 메뉴도 일상적인 메뉴였다. 기껏해야 된장찌개와 김치정도여서 식중독은 아니라고 판단했다. 결정적인 것은 어머니만 그랬다. 어머니도 갑작스럽게 벌어진 사태에 당황하셨는지 "나, 이상해. 이상해"라고 하실 뿐 앉아 계시지도 못했다. 그 사이 어머니가 결정적인 말씀을 하셨다.

"사실은 감기약 먹었어..."

"언제요?"

"저녁밥 먹고 나서 바로..."

"약은 어디서 나셨어요?"

"내일 중요한 모임에 가는데 기침이 계속 나와서 오늘 낮에 감기약을 지어왔지"

젠장, 원인은 감기약 부작용이었다. 평소에도 양약을 거의 안 드신다. 일단 119로 전화를 걸었다. 그리고 사혈침으로 손끝과 발끝을 찔러서 피를 빼냈다. 10분도 되지 않아 119 구급차가 도착했다. 구급차가 출발하자마자 어느 병원으로 가는지 동생들에게 연락을 했다. 아파트 입구를 빠져나가는 순간 어머니는 나에게 조용히 말씀하신다. 가려움이 서서히 가라앉고 있다고. 병원 응급실에 도착했을 때, 어머니의 발진은 완전히 사라진 상태였다. 동생들은 놀라서 한달음에 왔고 어머니는 응급실에서 링거만 맞으시고 집으로 돌아왔다.

이렇게 어머니는 감기약으로 우리들을 또 한 번 놀라게 하셨다. 해프닝 아닌 해프닝에 어머니는 멋쩍어 하셨지만 이번에도 사혈침의 덕을 톡톡히 보게 되었다. 그 이후로 감기약은 쳐다보지도 않으신다. 많이 놀라고 민망스러우셨던 것이다. 지금은 감기기운이 있을라치면 죽염수로 해결하신다.

■ ■ ■

갑작스런 발진, 나는 이렇게 했다

* 적용한 혈자리: 십선혈(열 손가락)
* 사혈횟수: 한번
* 나의 생각: 다급한 상황이 발생되면 119에 먼저 신고하고, 손끝과 발끝을 사혈침으로 찌른 후 혈액순환을 유도하면 좋을 것 같다.

2 엄마가 화장실에서 안 나오세요-혼절

"누나, 엄마 어디 계셔?"

"화장실"

"화장실에 들어가신지 한참 되지 않았어?"

"한번 노크해봐!"

조카들이 주고받는 이야기다. 손주들이 보고 싶다는 어머니를 모시고 동생 집에 놀러갔다. 모처럼 맛있는 식사도 하고 수다 꽃을 피우며 한가로운 시간을 보내고 있었다. 그런데 화장실에 들어간 동생이 나오질 않는 것이었다. 불러도 인기척이 없다. 느낌이 좋지 않아 살며시 문을 열어 보았다.

변기에 앉아 있는 동생은 혼절한 것처럼 일어나지 않았다. 이미 식은땀으로 온몸이 축축했고, 얼굴은 백지장처럼 하얗게 변했다. 조카에게 사혈침을 가져오라고 했다. 정신없이 손끝을 찔러 피를 냈다. 가장 먼저 손에 잡힌 검지손가락을 찌르는 순간 맑은 물

같은 피가 천정까지 치솟았다. 나머지 손가락도 모두 찌른 후, 화장지를 대고 열심히 피를 짜냈다. 10분 정도 지났을까. 의식이 돌아오는 듯 보였다. 얼굴에서도 붉은빛이 돌기 시작했다.

동생이 왜 그랬는지 지금도 알지 못한다. 다만 혈액이 딱 막혔다는 것을 알았기 때문에 사혈침만으로 동생을 위험에서 구할 수 있었다. 만약 그 상황에서 혼자 있었더라면 어땠을까. 그때를 생각하면 지금도 아찔하다.

■ ※ ※

<u>혼절, 나는 이렇게 했다</u>

* 적용한 혈자리: 십선혈(열 손가락)
* 사혈횟수: 한번
* 나의 생각: 동생이 혼절 직전까지 갔던 것은 급체라고 생각한다. 이때는 열 손가락을 찔러 피를 짜주

듯이 피를 나오게 해서 피가 돌게 해준다. 십선혈은 응급 처치로 많이 활용하는 편이다. ※ 혈자리는 부록 편을 참고

오늘 도대체
팬티만 몇 번째야!
: 요실금

어느 날 현관문이 거칠게 열린다. 어머니는 뛰다시
피 화장실로 들어가시고, 곧이어 나오신다. 표정만으
로도 어머니의 심기가 느껴졌다. 편치 않으시다. 농
서랍이 열렸다 닫히는 소리가 났고, 곧 이어 거실로
나오신다. 폭발직전 상태라는 것을 직감적으로 알 수
있었다.

"도대체 팬티만 몇 번째야!"

"이렇게 살아서 뭐 한다니..."

간간이 듣는 어머니의 고정된 레퍼토리다. 60대 초반부터 요실금으로 고생하시는 어머니. 외출하고 돌아오실 때마다 오줌을 참지 못하고 지리신다. 소변 제어가 안 되어 하루에도 몇 번씩 옷을 갈아입으셔야하기 때문에 신세를 한탄하실만하다. 자식의 입장에서 보면 속상하다. 하지만 병원에 가셔도 근본적인 해결은 찾지 못했다.

≪서울아산병원 질환백과≫에는 '요실금'에 대해 이렇게 정의하였다.

"요실금이란 자신도 모르게 소변이 흐르는 매우 당혹스러운 증상으로, 재채기를 하거나 크게 웃을 때, 뛰거나 줄넘기 등 운동을 할 때 소변이 나와 속옷이 젖거나, 심지어는 부부관계 시 소변이 나오거나 소변이 마려움을 느낌과 동시에 바로 소변이 흘러나오게 되어서 당황할 수 있다. 우리나라 여성의 40%가 요실금을 경험할 정도로 흔한 질환이다."

우리나라 여성의 40%가 요실금으로 고생하고 있다니 엄청난 숫자이지 않은가. 이 수치가 믿어지지 않았다. 왜냐하면 요실금을 겪고 있는 대부분의 사람들이 요실금의 불편함을 외부로 공개하지 못하고 혼자서 괴로워하는 경우가 많았기 때문이다. 그런데 더욱 놀라운 것은 중년 남성도 요실금을 겪는다는 사실이다.

2018년 6월 19일, 〈뉴스에이〉의 "중년男 괴롭히는 '요실금'~" 기사 중 일부를 소개한다.

"2018년 건강보험심사평가원 통계에 따르면 요실금으로 병원을 찾은 사람 중 50대~80대 이상의 비율이 70.3%에 달하는 것으로 밝혀졌다. 주로 중년 여성에게 나타나지만 최근에는 요실금을 겪는 중년 남성도 늘고 있다. 실제로 남성 요실금 환자는 5년간 약 24% 증가했다. 대부분 일시적인 증상으로 여겨 치료하지 않고 방치하는 경우가 많다."

하긴 질병에 남녀노소 구분이 있겠는가. 어머니가 요실금으로 불편을 겪고 있을 당시 나는 사혈을 배우고 있었기 때문에 어머니에게도 사혈을 해드리기 시작했다. 처음에는 요실금이 목적이 아니라 배운 것을 어머니에게 해드리는 정도였다. 기본사혈인 위장혈과 뿌리혈. 두 군데만 일주일에 한 번씩 꾸준히 해드렸는데, 어느 날부터 속옷을 갈아입는 횟수가 뜸해지셨다. 2달 정도 지났던 것 같다. 두 사람 모두 요실금이 사라지고 있다는 것조차 알아채지 못했다. 어느 날 TV에서 '요실금'이라는 단어가 나오고서야 알게되었다.

"요즘도 오줌을 지리세요?"
"어... 그러게... 언제부터인지는 몰라도 이젠 괜찮네!"

요실금 때문에 스트레스를 많이 받으셨던 어머니

는 자신의 병이 없어진지도 모르셨다. 나는 너무 어처구니가 없었지만 안도감이 들었다.

그로부터 20여년의 세월이 흘렀고 어머니도 80대가 되셨다. 지금도 소변이 시원치 않으시면 혼자서 사혈을 하신다. 다음날 바로 소변이 시원해졌다고 좋아하신다. 바쁜 딸에 대한 배려가 깊으셔서 얼마나 감사한지 모른다. 그런데 가능하면 가족들끼리 서로 사혈해주는 것이 효율적이다. '효율적'이라는 것은 어혈을 야무지게 잘 빼낼 수 있음을 말한다. 혼자서 사혈하게 되면 자세도 불편할뿐더러 자칫 잘못하면 생혈손실이 생기기 때문이다.

80대 노인도 할 만큼 요실금은 혼자서도 해결 할 수 있다. 오직 사혈만으로. 처음 한번이 어렵지 일단 해보면 결코 어렵지 않다. 사람은 대체로 두 부류로 나뉜다. 행하는 자와 행하지 않는 자. 나는 많은 사람들에게 심천사혈을 알려주고 싶다. 왜? 손쉽게 건강을 지킬 수 있는 방법이기 때문이다. 적어도 위장혈과 뿌리혈 만큼은 손쉽게 할 수 있다고 자신 있게 말할 수 있다.

■ ■ ■

요실금, 나는 이렇게 했다

* 적용한 혈자리: 3번 뿌리혈
* 사혈횟수: 2달 정도(1주일에 한차례씩)
* 나의 생각: 요실금의 원 사혈점은 51번 생리통혈이다. 생리통혈은 3번 뿌리혈에서 치조골 쪽으로 5cm정도 아래이기 때문에 뿌리혈만으로도 간접영향을 받았던 것 같다. ※ 혈자리는 부록편을 참고

겉모습은 우아,
발가락은 으~윽

: 습진

내 발은 불쌍하다. 꽉 조인 하이힐 안에 감춰진 내 발가락. 면양말도 아닌 스타킹으로 감싸진 채, 하루 종일 혹사당한다. 발가락은 집에 돌아와서야 비로소 마음껏 숨을 쉴 수 있다. 이때까지 죽지 않고 살아 있는 게 용하다. 암튼 내 발은 주인을 잘못 만났다.

커리어우먼은 대부분 하이힐을 포기하지 못한다. 세련된 정장에 하이힐이 빠지면 미완성의 느낌이 들기 때문일까. 이건 나의 개똥철학일 뿐이다. 내가 하이힐을 포기하지 못하는 이유는 따로 있다. 그것은 바로 작은 키. 유일하게 성형을 할 수 없는 것이 키라고 하지 않는가. 하이힐을 벗으면 바닥에 붙어있는 느낌이 든다. 나이가 들수록 키는 쪼그라들고 젊은 친구들의 평균키는 점점 더 커지니, 상대적인 박탈감이라고나 할까.

어느 때부터인가 발가락사이가 가렵기 시작했다. 겉은 멀쩡한데 그냥 가려웠다. 그때마다 살짝 긁어줄 뿐 무시했다. 가려움의 빈도가 잦아지기 시작하면서 발가락 사이가 습해졌고, 하얗게 불어 물렁물렁하게 되기도 했다. 이때는 발 냄새가 슬금슬금 올라왔다. 발가락에 신경을 쓰기 시작하면 가려움이 심해져 피가 날 때까지 박박 긁고 싶은 충동이 일어났다. '아픈 것은 참아도 가려운 것은 못 참겠다.'는 말이 겪어보니 공감되었다.

나는 가려움이 올라오면 사혈침을 집어 든다. 두루

마리 화장지를 몇 장 떼어 한손에는 사혈침을, 다른 한손에는 화장지를 쥐고 하얗게 불은 발가락사이를 찌른다. 그리고 화장지로 꾹꾹 눌러가면서 피를 짜내듯 닦아내기를 서너 차례 반복한다. 그러고 나면 대략 한 달 정도 버틴다. 물론 무좀혈자리가 있다. 하지만 나는 꼭 사혈해야 할 혈자리가 있기 때문에 웬만해서는 다른 혈자리는 건들지 않는다. 전혀 안 하는 것은 아니지만 자제하는 편이다. 좀 더 중요한 혈자리에 집중하기 위해서다.

세포의 복원력은 대단하다. 대단하다 못해 신비스럽기까지 하다. 다른 곳도 마찬가지지만 발가락을 통해서 세포의 복원력을 생생하게 확인할 수 있다. 전날 밤에 사혈침으로 찌르고 짜내고 나면 다음날 아침 발가락은 언제 그랬냐는 듯이 보송보송해져 있다. 심하게 짓물러 있던 피부는 거짓말처럼 복원되어 나를 놀라게 한다. 정식으로 부항기를 이용해서 사혈을 한 것도 아닌데 말이다.

<u>습진, 나는 이렇게 했다</u>

* 적용한 혈자리: 직접사혈
* 사혈횟수: 한차례에 3~4회 정도
* 응급적으로 할 때

1) 가렵기만 할 때: 사혈침으로 가려운 쪽의 발가락 끝을 사혈침으로 한번 찔러 화장지를 대고 피를 짜낸다. 처음에는 노란색을 띤 혈액이 나오거나 유난히 피 색깔이 연한 경우가 많다. 그리고 가려움이 엄청 심할 때, 사혈침으로 발가락 끝을 찌르고 짜낸다는 느낌으로 눌러주면 물총을 쏘듯이 앞으로 나가기도 한다.

2) 하얗게 짓물러 있을 때: 가렵고 하얗게 짓무른 곳을 사혈침으로 5차례 이상 찌른 후, 화장지를 대고 피를 눌러 짜낸다.

* 나의 생각: 습진이나 무좀을 완전히 없애고 싶을 때는 무좀혈인 26번과 27번혈을 사혈해 준다. 사람

마다 편차가 많기 때문에 몇 차례라고 말할 수는 없
다. 쉽게 낫는 사람도 있고 더디게 낫는 사람도 있
다. ※ 혈자리는 부록편을 참고

지금 당장 사망할 수 있습니다
: 협심증

"혹시 송정례님 따님 되시나요?"

"네, 왜 그러시죠?"

건강검진센터의 직원은 나를 의사에게 안내했다. 그때 나는 위내시경을 받기 위해 대기 중이었다. 의사는 심각한 표정으로 나를 바라보며 말했다.

"소견서 써드릴 테니 지금 바로 C병원응급실로 모

시고 가세요!"

"무슨 문제라도 있나요?"

"송정례님의 심장에 문제가 심각합니다. 지금 여기에서 돌아가셔도 이상하지 않을 만큼 심각하니 서두르세요!"

"심장이라구요?"

"그동안 통증이 있으셨을 텐데 아무 말씀도 못 들으셨나요?"

"네, 전혀요."

"오늘은 주말이니 곧장 응급실로 가셔야 합니다."

주말을 이용해서 어머니와 함께 건강검진을 받으러 갔는데, 청천벽력 같은 소리를 들은 것이다. 쫓겨나다시피 밖으로 나온 어머니와 나는 어안이 벙벙한 채로 서있었다. 순식간에 벌어진 일이라 당장 어떻게 해야 할지 판단이 서지 않았다. 일단 동생들에게 전화를 걸어 상황을 전달했다. 동생들은 한 치의 망설임도 없이 병원으로 모시고 가라고 했다. 하지만 어머니의 의견은 달랐다.

어머니는 단호하게 집으로 가자고 하셨다. 지금 당장 응급실로 간다 해도 주말이라 담당 의사들이 없기 때문에 월요일까지 고생만 한다는 것이었다. 가더라도 집에 있다가 월요일에 가자고 하셨다. 너무 완강하셔서 집으로 돌아올 수밖에 없었다. 곧이어 동생들이 왔고, 여동생은 울먹이며 병원에 가자고 설득했지만 어머니는 꿈쩍도 하지 않으셨다. 그리고 사혈로 해보자고 하셨다.

나도 어머니와 같은 생각이었지만 선뜻 말하지 못했다. 동생들의 의견도 있는 거라서 우격다짐으로 밀어붙일 수는 없었다. 결국 우리는 어머니의 의견에 따르기로 했다. 조혈에 필요한 안전 조치를 마련하자마자 바로 사혈을 시작했다. 처음 몇 차례만 내가 해드리고 그 이후로는 어머니 혼자서 하셨다. 혼자서 할 수 있으니 신경 쓰지 말라고 하셨다. 워낙 강단이 있으신 분이시라 가능했던 것 같다. 그리고 사혈 경험이 어느 정도 있으셨기 때문에 크게 걱정은 하지 않았다. 나는 짬짬이 피부족, 심장통증, 컨디션 정도만 체크했다.

2년이라는 시간이 흘렀다. 더 이상 쥐어짜는 듯한 통증은 없다고 하셨다. 건강검진 결과 완치판결을 받으셨다. 어머니는 스스로 자신의 협심증을 해결하신 것이다. 완치판결을 받은 지 10년 정도 지났지만 지금도 심장에 문제는 없으시다.

■ ▪ ▪

협심증, 나는 이렇게 했다

* 적용한 혈자리: 5번 협심증혈
* 사혈횟수: 6개월 정도(1주일에 한차례씩)
* 나의 생각: 그 당시 어머니의 나이는 70세. 어혈을 불리는 처방을 적용했고 조혈에 신경을 많이 썼다. 사실 협심증에 대한 사례를 쓸까 말까 한참을 고민했다. 왜냐하면 무분별하게 사혈해서는 안 되는 혈자리이기 때문이다. 어설프게 했다가는 오히려 역

효과를 불러올 수 있으므로 꼭 교육을 받은 후 하시기를 권장한다. 협심증혈은 아주 예민하게 사혈해야 하는 혈자리다. 생명과 직결되는 곳이기 때문에 심천사혈을 공부하지 않으신 분들은 주의를 당부 드린다.

※ 혈자리는 부록편을 참고

머릿속의 지진,
그리고 통증의 고통
: 편두통

빨간색 편두통약. 양약에 대한 거부감이 있지만 편두통약 만큼은 예외였다. 머릿속에서 지진이 발생할 때마다 구세주 역할을 했다. 편두통은 나의 아킬레스건이었기 때문에 편두통약이 가까이에 없으면 불안했다. 가방에도, 책상서랍에도, 식탁위에도 눈에 보이는 곳곳에 둬야만 했다. 편두통이 오기 직전에 나만이 아는 느낌과 초기 증상이 있다. 혹여 약 먹을 골든타임을 놓쳐버리면 나의 일상은 그대로 멈춰버린다. 그러다 보니 편두통약이 내게는 매우 중요했다.

스트레스를 좀 받았다 싶으면 여지없이 찾아왔다. 약한 강도의 지진으로 시작해서 강한 쓰나미가 되어 나를 쓰러뜨렸다. 통증이 심해지기 전에 약을 먹지 않으면 똥물까지 토하는 일이 잦았다. 그러고 나면 핏기 없는 얼굴로 하루 종일 누어있어야 했다. '편두통'이라는 단어만 들어도 고통이 함께 느껴진다. 이미 사라진지 오랜 세월이 흘렀음에도 불구하고 느낌이 좋지 않다. 편두통으로 고생하고 있다는 사람을 만나게 되면 안타까운 마음만 들뿐이다. 해결책을 알고 있지만 사혈에 대해 언급하지 않는다. 나는 이기적인 유전자가 강한 모양이다. 친분이 있는 지인에게도 말하지 않는다.

큰 맘 먹고 집안을 정리하던 어느 날. 오래된 가방 속에서 빨간색의 편두통약을 발견했다. 잠시 옛날 생각에 잠겼다. 가진 자의 여유를 만끽하며 쓰레기통에

던져버렸다. 이따금 '편두통'이라는 세 글자가 귀로, 눈으로 입력된다. 주변의 누군가에게서, 인터넷의 홍보성 글귀에서, TV속에서. 편두통은 흔하게 접해진다. 그만큼 편두통을 앓고 있는 사람들이 많다는 증거다.

편두통의 해결방법은 의외로 간단하다. 아니 모르겠다. 나는 내 경험을 이야기하는 것이기 때문이다. 나의 편두통이 사라질 무렵 여동생 내외도 편두통이 있다는 것을 알게 되었다. 나는 방법을 알려주었다. 물론 그 방법은 사혈이다. 심천사혈요법에서 '두통혈'자리가 있다. 두통혈자리는 초보자들이 쉽게 접할 수 있는 혈자리가 아니다. 나 역시 처음에는 기본사혈에 충실했다. 그 과정에 선물로 얻은 것이 바로 '편두통의 해결'이었다.

분야를 막론하고 '기본의 중요성'은 불변의 진리다. 심천사혈요법에서는 기본 혈자리가 4개다. 2번(위장혈), 3번(뿌리혈), 6번(고혈압혈), 8번(신간혈).

처음 3개월은 위장혈과 뿌리혈만 사혈했다. 4개월째부터 고혈압혈을 시작했는데, 그 과정에서 편두통의 빈도수가 적어졌다. 그리고 어느 순간에 알아차렸다. 편두통이 완전히 사라졌음을. 두통혈을 손대지 않았는데도 말이다. 스트레스를 받는 일이 생겼을 때도 편두통은 더 이상 오지 않았다.

나를 포함해 가족들의 편두통은 완전히 사라졌다. 사혈을 했다고 한 번에 '뚝'하고 편두통 증상이 사라진 것은 아니다. 처음에는 빈도수가 줄어들었고 편두통이 와도 증상이 심하지 않았다. 그리고 편두통이 왔다하더라도 빠르게 사라졌다. 약을 먹지 않았는데도. 여동생내외도 편두통에서 벗어났다. 너무 간단하게 해결되어서 민망하지만 편두통으로 고생하고 계시는 분이 있다면 우리 가족처럼 고혈압혈 만으로도 해결되기를 바랄뿐이다.

■ ▓ ▓

편두통, 나는 이렇게 했다

* 적용한 혈자리: 6번 고혈압혈

* 사혈횟수: 2달 정도(1주일에 한차례씩)

* 나의 생각: 두통의 혈자리는 1번 두통혈이다. 일반적으로 두통이 심하면 두통혈을 사혈해야 한다. 나는 물론 우리 가족은 6번 고혈압혈의 사혈만으로 편두통이 나았다. 이것은 행운이다. 6번 고혈압혈은 기본 혈자리이기 때문에 기본 혈자리를 사혈하는 중에 어부지리 격으로 편두통이 해결되었으니 말이다. ※ 혈자리는 부록편을 참고

난, 재채기와 콧물로
하루를 시작한다
: 비염

아침 6시, 알람소리와 함께 잠에서 깨어난다. 잠자리에서 일어나는 순간 하루를 시작하는 수순이 진행된다. 요란한 재채기. 나는 바로 휴지를 서너 장 뽑아 든다. 재채기를 몇 차례 하고 나면 이어서 맑은 콧물이 나오기 시작한다. 콧물을 서너 번 닦고 나면 하루의 의식이 끝난다. 중학교 때부터 시작된 재채기와 콧물은 나의 일부가 되었다. 워낙 긴 세월을 함께 해서인지 친근함마저 들었다. 오래된 친구처럼 말이다.

 축농증인 줄 알고 병원에 갔지만 '알레르기 비염'
이라고 했다. 온도 변화에 어찌나 민감한지 차안에서
잠깐 졸았을 때도, 책상에 잠깐 엎드려 자고 일어났
을 때도 여지없이 이어지는 재채기와 콧물. 겪어보지
않았더라면 얼마나 불편한지 몰랐을 것이다. 재채기
소리도 정말 요란하기 짝이 없었다.

 그런데 어느 날부터 분신처럼 따라 다녔던 재채기
와 콧물이 사라졌다. 신경성위염이 사라진 이후로 나
의 몸에 관심을 두고 있었기 때문에 쉽게 알아챌 수
있었다. 나는 가족들에게 만큼은 막 떠들어댔다. 하
지만 완치가 되었다고 장담하지는 못했다. 나는 비염
을 고치기 위해서 따로 비염관련 혈자리에 사혈을
한 것이 아니라서 다 나았다고 생각하지 않았던 것
이다. 사혈을 시작한지 석 달 만에 나온 결과였다.
처음에는 너무 쉽게 사라져서 일시적인 결과라고 생
각했다.

그리고 세월이 흘러 20여년이 지났다. 그 이후, 자고 일어나서 재채기와 콧물로 고생하는 일은 아예 없다. 이 글을 읽고 계시는 분들 중에 나처럼 알레르기 비염으로 고생하는 분들은 눈이 번쩍 떠질 것이다. 사실 조심스럽다. 나의 경우는 운이 좋았다고 봐야한다. 지금 생각해도 아이러니하다. 적어도 알레르기 비염에 있어서만큼은 그렇다. 사혈을 하다보면 어처구니없는 일들이 빈번하게 나타난다. 물론 좋은 쪽으로 말이다.

'몇 차례 사혈을 했더니 알레르기 비염이 나았다'

조심스런 말이다. 몸속은 그 누구도 알 수 없다. 어혈의 양도 마찬가지다. 확실하게 말해 줄 수 있는 것은 '사람마다 다르다'는 사실이다. 다시 말해 A라는 사람이 10번의 사혈로 치유가 되었다고 해서 B라는 사람도 10번의 사혈로 치유가 된다고 장담할 수가 없다는 말이다. 제거된 어혈의 양도 마찬가지다. 처음부터 어혈이 잘 나오는 사람이 있는가 하면

끝까지 어혈이 잘 나오지 않는 사람도 있다.

'이렇게 사람마다 치유과정이 다른 이유는 뭘까?'

개개인의 나이, 직업, 살아온 환경에 따라 어혈의 질김, 어혈의 양이 다르기 때문이다. 각자 살아온 삶에 따라 치유되는 결과도 모두 다르게 나타난다.

■ ▪ ▪

<u>비염, 나는 이렇게 했다</u>

1) 간접적인 영향: 내 인생의 첫 사혈을 시작하고 나서 약 3달 정도 지났을까. 그러니깐 2번(위장혈)과 3번(뿌리혈)을 1주일에 한 번씩만 했으니깐 횟수로는 12차례. 어혈의 양은 많이 나와야 1/3캡 정도. 그다지 많이 나왔다고 할 수는 없다. 대부분 지지부진하였다.

2) 알레르기 비염의 직접 혈자리는 47번(축농증혈)

이다. 비염이나 축농증이 중증일 경우에는 8번(신간혈)과 47번(축농증혈)을 사혈한다. ※ 혈자리는 부록편을 참고

   나의 경우 어부지리로 알레르기 비염이 해결되었다. 보기 드문 경우다. 만약 비염으로 고생하고 있는 분이 나처럼 첫 번째 방법으로 사혈하고 나서 비염이 없어지지 않는다고 항의할 수도 있을 것이다. 그러나 방법1과 같은 결과는 순전히 나의 개인적인 경험이라는 점을 다시 한번 강조하고 싶다. 비염을 온전히 해결하고 싶으시다면 방법2를 추천한다.

SIMCHEON BLOOD CUPPING MANIA

사혈도
사혈점
사혈하지 말아야 할 사람

부록1 사혈도[1]

● 앞면

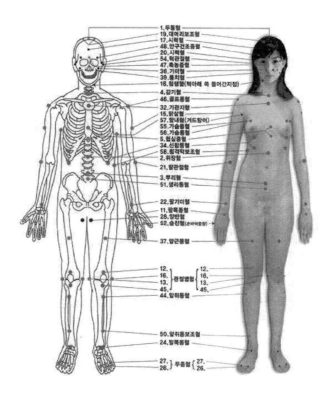

1,두통혈
19,대어리보조혈
17,시력혈
48,안구건조증혈
20,시력혈
54,턱관절혈
47,축농증혈
36,가이혈
39,풍치혈
18,칠생혈(턱아래 쏙 들어간지점)
4,감기혈
46,골드통혈
32,기관지혈
15,밝살혈
57,알내혈(겨드랑이)
55,가슴통혈
56,가슴통혈
5,힘심중혈
34,심장통혈
8,횡격막보조혈
2,위장혈
21,말관절혈
3,투리혈
51,생리통혈
22,딸기미혈
11,말목통혈
28,알반혈
52,습진혈(손바닥증앙)
37,알근통혈

12,
16, 관절염혈
13,
45,
44,알취통혈

12,
16,
13,
45,

50,알취통보조혈
24,발목통혈

27, 무릎혈 27,
26,   26,

1) 출처: www.simcheon.com

● 뒷면

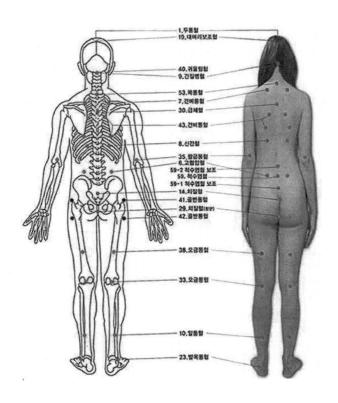

1.두통혈
19.대머리보조혈
40.귀울림혈
9.간질병혈
53.옥통혈
7.견비통혈
30.급체혈
43.견비통혈
8.신간혈
35.황금통혈
6.고혈압혈
59-2 척수염혈 보조
59. 척수염혈
59-1 척수염혈 보조
14.치질혈
41.골반통혈
29.척달혈(부분)
42.골반통혈
38.오금통혈
33.오금통혈
10.알통혈
23.발목통혈

● 측면

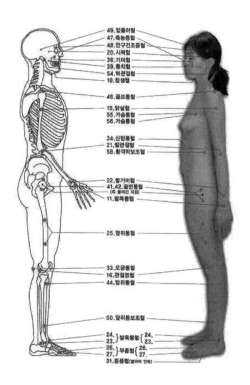

49.입둘이혈
47.축농증혈
48.안구건조증혈
20.시력혈
36.기미혈
39.충치혈
54.턱관절혈
18.칩샘혈

46.골프통혈

15.닭살혈
55.가슴통혈
56.가슴통혈

34.신합통혈
21.말관절혈
58.칙격막보조혈

22.말기미혈
41.42.골반통혈
(즉 줄어진 지방)
11.말목통혈

25.열위통혈

33.오금통혈
16.관절염혈
44.앞위통혈

50.알위통보조혈

24.}말목통혈 {24.
23.}   {23.
26.}무좀혈 {26.
27.}   {27.
31.중꿈혈(발아닥 안쪽)

부록2 사혈점[2)]

1. 두통혈   17. 시력혈
19. 대머리 보조혈

1번 〈두통혈〉: 양쪽귀를 중심으로 일직선을 긋고, 코 끝에서 목 뒤뼈로 사선을 그어 교차하는 지점. 흔히 정수리라고 하는 곳. 머리모양에 따라 부항기 컵의 압이 잘 걸리지 않을 수도 있으니 다소 앞으로 당겨 사혈을 해도 무방함. 이곳을 사혈해 주면 두통, 기억력 감퇴, 치매, 탈모증, 비듬 등이 치유가 됨. 뒷골이 무겁고 통증이 오거나, 상열이 되며오는 통증은 6-1번 동시사혈. 몸 전체에 고열이 나며오는 두통은 죽염을 혀로 녹여 먹고 8-1번 동시 사혈한다. ※ 사고로 인해 뜻밖에 식물인간이 된 경우 곧바로 사혈을 하면 효능이 기대됨(6-1-9)

2번 〈위장혈〉: 명치인 급소와 배꼽을 기점으로 한 중간지점. 사람마다 천차만별이지만 대체적으로 인내심을 요하는 사혈점이다. 원하는 만큼 어혈이 잘 나오지 않기 때문에 꾸준한 노력이 필요한 사혈점이다. 각종

---

2) 출처: www.simcheon.com

부록   167

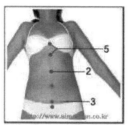

2. 위장혈　**3. 뿌리혈**
5. 협심증혈

위장병, 식욕부진, 위경련, 속 쓰림, 급체에는 2-30번을 사혈 한다.

※ 심장마비 : 2-5번 사혈

3번 〈뿌리혈〉: 배꼽과 치조골을 기점으로 배꼽쪽에서 60% 아래 지점. 영양분은 흡수하는 곳이라 해서 뿌리혈이다. 설사, 변비, 얼굴의 기미가 벗겨진다. 검은 피부나 밤색 피부를 희게 하고 싶다면 2-3-6-8번 사혈한다. 몸 앞부분의 상하 혈행의 중심 이 되는 혈자리로서 2번 혈과 마찬가지로 꾸준한 노력이 필요 하다.

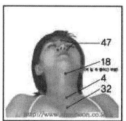

47. 축농증혈　**18. 침샘혈**
4. 감기혈　**32. 기관지혈**

4번 〈감기혈〉: 쇄골 교차지점 손가락으로 눌러 쏙 들어가는 지점. ※ 감기초기, 목이 쉬어서 소리가 나지 않을 때 사혈하면 소리가 나고, 4-18번을 동시에 사혈해 주면 잠잘 때 코고는 증 세도 효능이 있음. (4-18번 감기혈을 어혈이 없을 때까지 사혈을 해주면 웬만한 조건에는 아예 감기가 걸리지 않는다.)

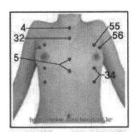

4. 감기혈 32. 기관지혈
5. 협심증혈 34. 신합통혈
55. 56. 가슴통혈

5번 〈협심증혈〉: 협심증혈을 두 곳이 있는데 위쪽은 유두와 유두를 연결한 선의 중간 지점에서 부항컵을 선의 아래쪽에 붙여 사혈한다. 아래쪽은 명치급소 삼각점 아래 안쪽 즉, 명치 끝 지점으로 아래위 어느 쪽에 어혈이 쌓여도 같은 상태가 오는데, 보통 위쪽이 80% 정도 비중을 차지한다. 손을 대 보아서 습기가 많거나 온도가 찬 곳으로 설정한다.

※ 협심증 상태로 숨이 차거나 가슴이 두근거리고 불안하며 초조할 때, 저혈압, 심근경색, 폐결핵, 심장에 통증이 올 때, 해소천식, 가래가 많을 때 5-32번 동시 사혈한다.

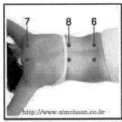

7. 견비통혈 8. 신간혈
6. 고혈압혈

6번 〈고혈압혈〉: 골반뼈 상단 1cm 위 지점, 척추 3번뼈(요추) 기준으로 양쪽 5cm 지점으로써 등 근육의 제일 높은 지점이다. 고혈압. 만성피로, 허리통증, 허벅지 당김, 하체빈약에 사혈한다. 몸의 뒤쪽을 운행하는 혈행의 중심이 된다.

7번 〈견비통혈〉: 견갑골 상단 안쪽 지점, 대추뼈 두 번째 아래, 척추뼈 중간을 기점으로 양쪽 5cm 지점.

※ 견비통 40-50견은 보통 7번을 사혈만 해도 치유가 되나, 7번을 사혈하고도 통증이 오면 43번 지점 중 압통이 오는 지점을 함께 사혈을 하면 되고, 목이 당기는 상태는 7-53번을 사혈하면 된다.

8번 〈신간혈〉: 7번 혈과 6번 혈을 이은 선상에 7번 혈에서 아래로 60%지점. 등 근육의 제일 높은 부위로 신장과 간 기능이 호전된다해서 신간혈이다. 인체 구조상 어혈이 비교적 잘 나오는 혈자리이며 생혈손실이 있을 수 있으니 주의를 요한다. 신장과 간기능이 떨어져서 오는 상태로는 몸이 붓는 상태, 비만, 만성피로, 신부전증 초기, 혈액 속 요산과다, 지방간, 간염, 몸에 푸른빛이 나는 상태, 등이나 얼굴에 뾰루지나 각종 피부병, 백선원반증 등. (신장과 간기능 저하의 상태는 중산해독제를 섭취하며 사혈을 하면 효능이 배가됨)

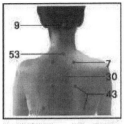

9. 간질병혈   53. 목통혈
30. 급체혈

9번 〈간질병혈〉: 두개골과 목뼈가 만나는 지점. 뇌 쪽으로 들어가는 입구를 열어주는 혈이다. 간질병, 근육신경마비, 목뒤가 당기는 상태, 목을 돌릴 때 소리가 나는 상태. 간질병은 먼저 2-3번을 사혈하여 피가 잘 나온 다음 6-9-1번 사혈한다.

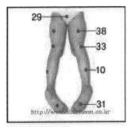

29. 치질혈(항문)
33, 38, 오금통혈
10. 알통혈   31. 중풍혈

10번 〈알통혈〉: 장 단지 근육이 끝나는 중간 지점으로 종아리와 아킬레이스건의 경계지점이다. 알통혈은 하체 혈행의 중심이 된다. 장단지에 알이 배거나 당길 때, 쥐가 자주 날 때, 뒤꿈치에 굳은살이 많을 때, 발바닥이 메마를 때, 땀이 너무 많이 날 때, 종아리가 굵어 고민일 때.

11. 팔목통혈   22. 팔기미혈
52. 습진혈(손바닥 중앙)

11번 〈팔목통혈〉: 팔목의 등 쪽에서 손목관절의 중간 쏙 들어간 지점으로 손을 아래/위로 움직여 찾으면 쉽다. 팔목이 아프거나 손목의 근육통 또는 손목관절통의 경우 사혈한다.

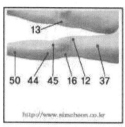

37. 앞근통혈 44. 앞취통혈
50. 앞취통보조혈
12. 13. 16. 45 관절염혈

12. 13번 〈관절염혈〉: 12번은 무릎골(종발뼈)정면 위쪽 5cm 위 지점이고 13번은 종발뼈를 중심으로 안쪽 근육의 제일 높은 부위이다. 관절염혈은 무릎퇴행성 관절염, 통풍, 무릎부위의 근육통에 사혈하고 관절염 초기에는 12-13번을 사혈하나 관절염이 악화된 상태에는 12-13-16-45번을 사혈한다.

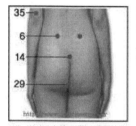

35. 팔굽통혈   6. 고혈압혈
14. 치질혈 29. 치질혈(항문)

14번 〈치질혈〉: 꼬리뼈 부분. 치질 치유 시는 6-14-29번을 요통 치유 시는 6-14번을 사혈한다.

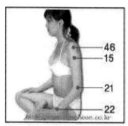

46. 골프통혈   15. 닭살혈
21. 팔관절혈 22. 팔기미혈

15번 〈닭살혈〉: 46번 골프통혈에서 수직 아래로 손가락 다섯 개 정도 떨어진 지점으로 삼각근 꼭짓점의 위쪽에 해당한다. 손이 차거나 팔뚝에 나는 뾰루지, 닭살, 근육통 등에 효능이 있다.
※ 7-15-22번을 사혈하면 앞의 상태가 치유되며, 팔뚝에 검버섯이 없어지고 팔의 힘이 강해진

다. 손바닥에 땀이 많이 나는 상태, 건조한 상태에도 효능이 있다.

16번 〈관절염혈〉: 종발뼈를 기준으로 바깥쪽으로 5cm 위 지점.

※ 12-13번 혈과 함께 사혈한다.

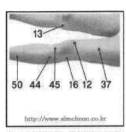

37. 앞근통혈 44. 앞쥐통혈
50. 앞쥐통보조혈
12. 13. 16. 45 관절염혈

17번 〈시력혈〉: 이마 중간, 머리가 시작되는 지점에서 1cm 위쪽.

- 시력을 호전시키기 위해서 이곳 만 사혈 하지는 않는다. 1번 두통혈을 사혈한 다음17-20번을 동시에 사혈. 시력감퇴, 눈물이 나는 상태, 눈곱이 많은 상태, 근시, 원시, 백내장 초기에도 효능이 있음.

- 안압으로 눈이 나빠지려 할 때는 6-20번, 두통을 동반하면 1번 추가 사혈.

1. 두통혈   17. 시력혈
19. 대머리 보조혈

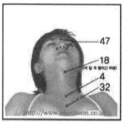

47. 축농증혈　18. 침샘혈
4. 감기혈　　32. 기관지혈

18번 〈침샘혈〉: 턱밑, 쑥 들어가는 삼각 지점.
- 입안에 침이 마를 때, 감기 초기, 감기로 목이 쉬어 목소리가 나오지 않을 때(코를 심하게 골 때는 4-18번 동시 사혈을 해 주면 효능이 있음.
- 갑상선에는 순서에 맞게 2-3-6-8번을 완전히 사혈을 끝낸 다음 4-18번 동시 사혈.

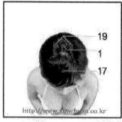

1. 두통혈　　17. 시력혈
19. 대머리 보조혈

19번 〈대머리보조혈〉: 1번 두통혈 중심으로 양쪽 4cm 지점.
- 보통 보조혈만 따로 사혈을 하지는 않고, 1번 혈을 사혈해도 어혈이 나오지 않을 때 보조혈로 사혈한다. 탈모부위가 넓을 때 19-27-40번을 사혈한다.

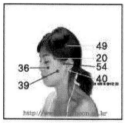

49. 입몰이혈　20. 시력혈
40. 귀울림혈　36. 기미혈
39. 풍치혈　　54. 턱관절혈

20번 〈시력혈〉: 관자놀이 쑥 들어간 지점. 17번 혈자리 참고.

174

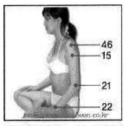

46. 골프통혈   15. 닭살혈
21. 팔관절혈   22. 팔기미혈

21번 〈팔관절혈〉: 팔꿈치를 90도 굽힌 상태 외측으로 팔꿈치의 외측팔을 굽혔을 때 생기는 주름의 끝 오목한 곳. 팔을 움직여 그 부위에 통증이 올 때, 팔꿈치 부위의 시큰거리는 상태에 사혈. 사혈할 때 팔을 구부리고 부항컵을 붙이면 잘 붙는다.

22번 〈팔기미혈〉: 일반적으로 시계를 착용하는 부위로서 팔등쪽 손목 주름에서 어깨쪽으로 손가락 2개 정도 떨어진 지점. 팔목의 기미, 검버섯, 붉게 상기되는 상태, 팔목에 힘이 없을 때 사혈한다. 손바닥 무좀, 습진은 22번과 52번을 동시 사혈한다.

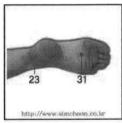

50. 앞쥐통보조혈
24. 발목통혈   26, 27. 무좀혈
23. 발목통혈   31. 중풍혈

23. 24번 〈발목통혈〉: 23번 혈은 바깥 쪽 복사뼈 끝과 발꿈치 힘줄 사이 오목하게 들어간 지점. 24번 혈은 발바닥을 90도로 세웠을 때 직각 부분의 움푹 들어간 지점이다. 발목통혈은 발목통증이나 발목을 접쳤을 때, 시큰거릴 때 사혈한다.

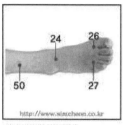

50. 앞쥐통보조혈
24. 발목통혈 26, 27. 무좀혈
23. 발목통혈   31. 중풍혈

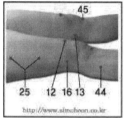

25. 옆쥐통혈 44. 앞쥐통혈
12, 13, 15, 45. 관절염혈

25번 〈옆쥐통혈〉: 대퇴부 바깥쪽으로 바지 재봉선상 골반뼈에서 종발뼈 사이 60%, 40% 내려간 지점 2곳이다. 그 부위에 쥐가 나거나 근육통, 가려움증에 사혈한다.

50. 앞쥐통보조혈
24. 발목통혈 26, 27. 무좀혈
23. 발목통혈   31. 중풍혈

26번. 27번 〈무좀혈〉: 26번 혈은 발등의 첫째 둘째 발가락 사이에서 발등 쪽으로 약 2cm 올라간 지점이고 27번 혈은 발등의 넷째 다섯째 발가락 사이의 지점이다. 무좀혈은 무좀이나 발톱무좀, 발가락 동상 등에 사혈한다.

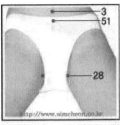

3, 뿌리혈　　51, 생리통혈
28, 양반혈

28번 〈양반혈〉: 28번 혈은 사타구니 안쪽 움푹 들어간 지점. 양반다리를 할 때 그 부위에 통증이 와서 양반 다리를 못하거나. 근육이 굳어 양반다리가 안 될 때 사혈한다.

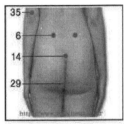

35, 팔굽통혈　6, 고혈압혈
14, 치질혈　29, 치질혈(항문)

29번 〈치질혈〉: 항문 괄약근. 치질 치유 시 29번만을 사혈해도 치유는 되나, 완벽한 치유를 위해서는 6-14-29번을 동시에 사혈한다.

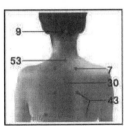

9, 간질병혈　　53, 목통혈
30, 급체혈

30번 〈급체혈〉: 양쪽 견갑골의 중앙에서 5cm 하단 지점으로 손으로 눌러보았을 때 압통이 심히 느껴지는 지점으로 사혈한다. 몸 뒤에서 오장육부로 흘러 들어가는 혈관의 중심이 된다. 급체혈은 위장으로 들어가는 혈을 열어주는 혈이기 때문에 위장혈의 보조혈이라고 보면 된다. 급체나 위경련에는 30-2번.

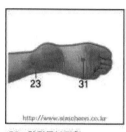

50. 앞취통보조혈
24. 발목통혈 26, 27. 무좀혈
23. 발목통혈   31. 중풍혈

31번 〈중풍혈〉: 첫째, 둘째 발가락을 접었을 때 발바닥의 움푹 들어간 자리이다. 고혈압 환자 중 중풍이 오기 전 이 자리를 사혈해서 통증이 심하면 중풍 예고편이다. 발바닥 통증이나, 발바닥 무좀 등.

대체적으로 어혈이 나오지 않는 자리이다.

※ 중풍혈 사혈 시 먼저 6-1번을 동시에 사혈해서 피가 잘 나온 다음 9-31번을 동시에 사혈할 것.

32번 〈기관지혈〉: 기관지 자리. 4번 감기혈에서 5cm 내려온 지점.

기관지 천식이나 가래, 폐결핵에 사혈한다.   기관지   천식에는 5-32번 동시 사혈한다.

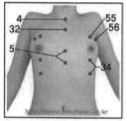

4. 감기혈   32. 기관지혈
5. 협심증혈   34. 신합통혈
55, 56. 가슴통혈

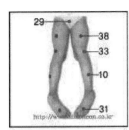

29. 치질혈(항문)
33, 38. 오금통혈
10. 알통혈　　31. 중풍혈

33번 〈오금통혈〉: 오금자리. 즉 무릎의 정중앙 지점. 관절염이 깊어진 환자 중 해당 부위의 근육통, 어혈로 인하여 오금이 당기거나 통증이 올 경우 : 33-38번을 사혈한다. 한쪽 다리 쪽만을 사혈할 경우 다리의 굵기가 달라질 수 있기 때문에 양쪽을 균형에 맞게 사혈한다.

※ 33번 혈(오금통혈)에 통증이 온다면 이미 신장기능이 떨어진 합병증으로 저혈압, 관절염 협심증 상태를 동반하는 경우가 대부분이다. 어혈의 생성에 관한 근본원인인 신장과 간 기능을 호전시키고 조혈에 필요한 조치를 하며 사혈을 하거나 2-3-6-8번 혈의 사혈을 마친 후 사혈을 하는 것이 안전하고 재발을 하지 않는 치유가 된다.

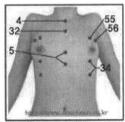

4. 감기혈　　32. 기관지혈
5. 협심증혈　34. 신합통혈
55, 56. 가슴통혈

34번 〈신합통혈〉: 유두를 기점으로 아래 젓 무덤이 시작하는 지점과 그 위치에서 수직으로 내려와 마지막 갈비뼈가 시작하는 지점.
신장기능이 떨어지면 합병증으로 해당 부위가 붓거나 누르면 통증이 올 때 사혈을 해주면 붓기도 빠지고 통증에 효능이 있다.

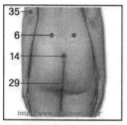

35번 〈팔굽통혈〉: 팔꿈치 뒤쪽. 팔꿈치를 굽혔을 때 팔꿈치 끝에서 위로 약 2cm 오목하게 들어간 지점. 팔꿈치가 당기는 상태나 근육통에 사혈한다. 팔이 구부러지지 않거나 통증을 치유할 경우에는 7-35번 혈을 4회 정도 사혈.

35. 팔굽통혈 6. 고혈압혈
14. 치질혈 29. 치질혈(항문)

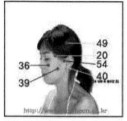

36번 〈기미혈〉: 양쪽 광대뼈 지점.
- 알레르기성 비염, 뾰루지, 딸기피부, 기미에 효능. 찬바람 쏘이면 눈물이 날 때 효능이 있다.

49. 입돌이혈 20. 시력혈
40. 귀울림혈 36. 기미혈
39. 풍치혈 54. 턱관절혈

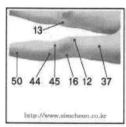

37번 〈앞근통혈〉: 앞쪽 허벅지 중간 지점 즉 무릎뼈에서 위쪽으로 손가락 여덟 개 정도 떨어진 지점으로 해당 부위가 당기고 근육통증이 올 때 사혈한다.

37. 앞근통혈 44. 앞쥐통혈
50. 앞쥐통보조혈
12. 13. 16. 45 관절염혈

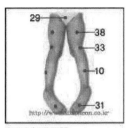

29. 치질혈(항문)
33, 38. 오금통혈
10. 알통혈   31. 중풍혈

38번 〈오금통혈〉: 뒤쪽 허벅지 중간 지점 즉, 엉덩이 주름에서 오금통혈(33번)과의 중간지점이다. 33번 혈자리 참고.

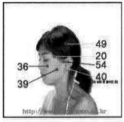

49. 입돌이혈   20. 시력혈
40. 귀울림혈   36. 기미혈
39. 풍치혈   54. 턱관절혈

39번 〈풍치혈〉: 아래턱과 위 턱이 만나는 꼭지점. 입을 다물었을 때 광대뼈 아래쪽과 아래턱 사이에 생기는 오목한 지점이다. 치석을 제거했는데도 잇몸이 붓거나 염증이 있을 경우, 이가 시린 경우, 이가 솟는 경우, 입냄새가 심할 때 사혈한다.

40번 〈귀울림혈〉: 귓볼 뒤쪽 쏙 들어가는 지점. 귀울림이나 중위염, 가는 귀 먹은 경우, 보통 귀울림은 피가 부족하거나 상압이 될 때 발생함. 임시 치유는 6-40번 사혈, 완벽한 치유를 위해서는 2-3-6-8번 사혈을 끝낸 다음 40번을 사혈해야 재발을 않음.

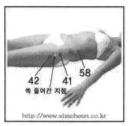

41,42. 골반통혈
58. 횡격막보조혈

41. 42번 〈골반통혈〉: 대퇴부 위 쪽 들어간 지점을 기점으로 아래 위 5cm지점. 그 지점에 근육통이나 대퇴골골두무혈괴사증, 양반자세 시 통증, 골반이 너무 넓을 때 사혈한다.

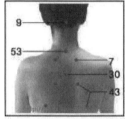

9. 간질병혈   53. 목통혈
30. 급체혈

43번 〈견비통혈〉: 견갑골 중간지점과 하단지점. 견비통에 사혈하되, 손으로 눌러서 압통이 있는 지점만 선별해서 사혈한다. 견비통(사오십견) 치유 시 7-43번.

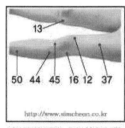

37. 앞근통혈 44. 앞쥐통혈
50. 앞쥐통보조혈
12. 13. 16. 45 관절염혈

44번 〈앞쥐통혈〉: 두 정강이뼈가 만나는 꼭지점에서 아래로 쏙 들어가는 지점. 다리에 쥐가 나거나 저린 상태, 앞정강이 쪽에 붉은 반점, 가려움증, 건선 피부로 비늘이 일어나는 상태, 동상 등을 치유 할 경우.
※ 당뇨로 인한 괴사를 치유 할 경우 : 44-26-27번 혈을 사혈

45번 〈관절염혈〉: 종발뼈 아래 지점.

※ 관절염 초기 증상은 12-13번만을 사혈해도 치유가 되지만, 상태가 악화된 상태라면 16-45번 혈을 사혈해 준다. 무릎의 통증, 찬바람 나는 상태, 뚜걱거리는 소리가 나는 상태.(루마티스 관절염을 2-3-6-8번을 사혈한 다음 해야 체력이 달리지 않고 재발을 않음, 허벅지가 굵어 고민일 때 사혈하면 가늘어짐)

46번 〈골프통혈〉: 팔꿈치를 어깨와 수평이 되게 들었을 때 어깨에 생기는 오목한 지점이다. 골프를 많이 치는 사람 중에 통증이 오는 경우가 많아서 골프통혈이라고 칭한다. 골프통이나, 각종 근육통, 중풍 후에 관절 탈골 시 사혈한다. 7-15-22번을 사혈하면 앞의 상태가 치유되며, 팔뚝에 검버섯이 없어지고 팔의 힘이 강해진다. 손바닥에 땀이 많이 나는 상태, 건조한 상태에도 효능이 있다.

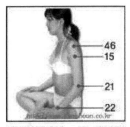

46. 골프통혈   15. 닭살혈
21. 팔관절혈   22. 팔기미혈

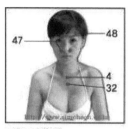

47. 축농증혈
48. 안구건조증혈
4. 감기혈   32. 기관지혈

47번 〈축농증혈〉: 눈썹 사이 한 곳과 콧방울 옆 두 곳이다. 축농증, 콧물이 심하게 나올 때, 알레르기성 콧물, 기침, 비염 등. 비염이나 축농증이 중증일 경우 : 8-47번 혈을 사혈한다.
※ 꽃가루 알레르기, 알레르기성 비염은 대부분 신장 기능이 떨어진 연쇄적 합병증이다.

48번 〈안구건조증혈〉: 눈썹을 3 등분 했을 때, 눈썹 바깥에서 약 1/3 안쪽지점. 안구건조증, 각종 눈병으로 인한 안구 충혈, 눈물이 나오지 않아서 눈이 뻑뻑할 때, 유행성 결막염이나 각종 눈병으로 안구 충혈이 심할 때 : 20-48번 혈을 사혈

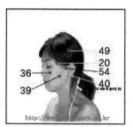

49. 입돌이혈   20. 시력혈
40. 귀울림혈   36. 기미혈
39. 풍치혈   54. 턱관절혈

49번 〈입돌이혈〉: 귓바퀴 꼭대기의 바로 위쪽으로 약 3cm 지점. 구안와사가 와서 입이 제자리로 돌아오지 않을 때 사혈하며, 와사풍으로 입이 돌아간 경우 39번 풍치혈을 사혈하고도 입이 돌아오지 않을 경우에 20번 혈을 추가적으로 사혈.

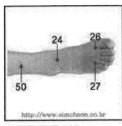

50. 앞쥐통보조혈
24. 발목통혈   26, 27. 무좀혈
23. 발목통혈   31. 중풍혈

50번 〈앞쥐통보조혈〉: 24번과 무릎뼈 아래 지점을 이은 선상에서 발목 쪽으로 1/3지점. 44번 혈을 사혈하고도 다리에 계속 쥐가 날 때 추가로 사혈한다. 당뇨 합병증으로 발가락이 썩어갈 때 24번 발목통혈을 사혈 후 뚜렷한 치유 효능이 없을 때 추가 사혈한다.

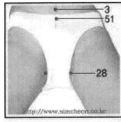

3. 뿌리혈   51. 생리통혈
28. 양반혈

51번 〈생리통혈〉: 치골의 상단 중간 지점. 장은 정상이고 생리통, 냉, 생리불순, 불임, 난소 물혹, 자연 유산, 어혈에 의한 발기 부전일 때 2-51-6-8번을 사혈한다.

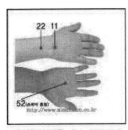

11. 팔목통혈   22. 팔기미혈
52. 습진혈(손바닥 중앙)

52번 〈습진혈〉: 손을 오므렸을 때 손바닥에 들어간 지점. 습진, 저릴 때, 각질, 홍조, 손톱 갈라짐에 사혈한다.
※ 7-22-52번을 사혈하면 효과가 더욱 좋다.

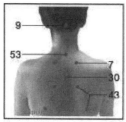

9. 간질병혈   53. 목통혈
30. 급체혈

53번 〈목통혈〉: 고개를 숙여 가장 튀어나온 목뼈(제7경추) 바로 아래 움푹 들어간 지점. 자고 일어났을 때 목 경직이나 목 디스크 현상이 있을 경우, 목 삔 현상이 있을 경우, 목을 돌릴 때 소리가 나는 경우, 교통사고 후 목 후유증이 있을 경우 : 7-53번 혈을 사혈.

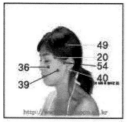

49. 입돌이혈   20. 시력혈
40. 귀울림혈   36. 기미혈
39. 풍치혈   54. 턱관절혈

54번 〈턱관절혈〉: 입을 벌렸을 때 이주 앞 쪽 들어간 지점. 턱이 잘 빠지는 경우, 뚜걱거리는 소리가 나는 경우.

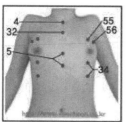

4. 감기혈   32. 기관지혈
5. 협심증혈   34. 신합통혈
55. 56. 가슴통혈

55. 56번 〈가슴통혈〉: 55번 혈은 유두를 기점으로 신합통혈 위 지점(젖무덤이 시작되는 지점)으로 가슴이 쳐졌을 경우, 혹(유방암)이 있을 경우에 사혈하고 56번 혈은 겨드랑이와 유두를 기점으로 사선을 긋고 위에서 40% 내려온 지점으로 혹, 유방암, 임파선암들이 발생한 경우(혹이 생긴 지점에서 바로 위

쪽 부분 사혈)에 사혈한다.

57번 〈암내혈〉: 겨드랑이 중앙.
암내가 있는 경우, 겨드랑이 부
위가 검거나 땀이 많이 나는 경
우에 사혈한다.

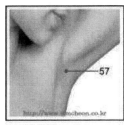

57. 암내혈

※ 신장과 간기능이 떨어지면
혈액이 탁해지고, 피의 유속이
느려지면 혈액속의 불완전 연소
물질이 기화하면서 땀과 함께
섞여서 나오는 것이 암내이다.

58번 〈횡격막보조혈〉: 신합통혈
(하단)에서 수평으로 바깥쪽으로
재봉선과 교차하는 지점. 호흡곤
란, 대상포진, 골프 친 후 옆구
리 결림, 비장 간접 혈자리로
사혈한다.

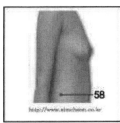

58. 횡격막보조혈

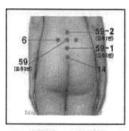

6. 고혈압혈   14. 치질혈
59. 척수염혈   59-1. 척수염혈
59-2. 척수염혈

59번 〈척수염혈〉: 6번 고혈압혈 정중앙자리

※ 경직성 척수염, 자궁암, 전립선암, 전립선비대-항암 치유 받지 않은 상태에서 진액+강산해독제를 섭취하면서 사혈하는 혈자리이다. 사혈순서는 6번 고혈압혈 사혈 후 요통이 없을 경우 59번 3곳을 같이 사혈하면 효과적이다.

59-1번 〈척수염 보조혈〉: 척수염 혈자리 아랫부분

※ 경직성 척수염, 자궁암, 전립선암, 전립선비대-항암 치유 받지 않은 상태에서 "영양분·철분·염분" 보사균형을 맞추면서 사혈하는 혈자리이다. 사혈순서는 6번 고혈압혈 사혈 후 요통이 없을 경우 59번 3곳을 같이 사혈하면 효과적이다.

59-2번 〈척수염 보조혈〉: 척수염 혈자리 윗부분

※ 경직성 척수염, 자궁암, 전립선암, 전립선비대-항암 치유 받지 않은 상태에서 진액+강산해독제를 섭취하면서 사혈하는 혈자리이다. 사혈순서는 6번 고혈압혈 사혈 후 요통이 없을 경우 59번 3곳을 같이 사혈하면 효과적이다.

부록3 사혈하지 말아야 할 사람[3]

- 7세 미만의 어린이
- 임산부
- 양약을 한번 섭취 시 5종류 이상 되고, 3년 이
  상 장복한 사람
- 70세 이상 노약자

---

3) 출처: ≪심천사혈요법1≫, 심천 박남희, 심천출판사

내 몸의 신호에 귀를 기울이자

우리는 과학의 도움으로 편리하게 생활하고 있는 반면, 과학 때문에 잃는 것도 많아졌다. 대표적인 것이 의료분야다. 백신의 등장으로 홍역, 파상풍과 같은 질병으로부터 자유로워졌다. 영상의학의 발달로 몸을 해부하지 않고도 우리 몸을 세밀하게 볼 수 있게 되었다. 감탄이 절로 나온다. 하지만 문제는 따로 있다. 환자의 증상만을 보고 접근하다 보니 근본적인 원인을 놓치고 만다. 예를 들어 아토피는 피부질환이다. 아토피 환자는 처방에 따라 약을 먹고 약을 바를 것이다. 하지만 아토피가 약을 먹고 약을 바른다고 해서 해결될까. 경미한 아토피라면 해결될 지도 모른다. 그렇지만 근본원인은 따로 있기 때문에 쉽게 완치되지 못할 것이다.

"원인 모르는 통증은 있어도, 원인 없는 통증은 없다."

'의사 요한'이라는 드라마의 대사다. 통증은 몸의 신호이고 몸의 말이다. 통증이 심해서 병원에 갔는데 아무렇지도 않다는 결과에 한 순간 꾀병환자가 되버린다. 억울한 상황이다. 심천사혈요법은 몸 전체를 본다. 통증만을 바라보지 않고 통증의 원인을 본다. 그 원인이 바로 통증을 해결할 수 있는 열쇠이기 때문이다. 비록 우리나라에서는 대체의학으로, 대체요법으로 진가를 인정받지 못하고 있지만 나처럼 심천사혈을 경험하고 효과를 본 사람들이 점점 더 증가

하고 있다. 수많은 시련 속에서 묵묵히 견뎌내시는 심천사혈요법의 창시자이신 심천 박남희 선생님이 존경스럽다. 선생님께서는 늘 말씀하신다. 법의 테두리를 벗어나지 말라고. 우리는 의료인이 아니라고.

우리 가족에게 있어서 심천 선생님은 은인이시다. 큰 스승님이 계시다는 것은 큰 힘이다. 20년 가까이 받기만 했다. 이제부터는 글로써 책으로써 작은 힘이지만 보답하려 한다. 그래서 좀 더 많은 분들이 심천사혈요법의 혜택을 받아 건강으로부터 자유로워지기를 희망한다.

마지막으로 언제나 아낌없이 응원해주는 가족과 나에게 심천사혈을 알게 해 주신 최한규 원장님, 그리고 항상 깊이 있는 의견을 피드백해주시는 심천의학가이드로 활동하고 계시는 한의학 박사 김연준 원장님께도 깊은 감사를 드린다.